人從哪裡來

人類六百萬年的演化史

賴瑞和 著

目次 *Contents*

推薦序一　生而為人／黃貞祥　009
推薦序二　解密人類六百萬年演化史的「超級懶人包」／沈川洲　014
自序　016

第一章　人從哪裡來──為什麼現在的猴子不能演化成人　023
一、物種如何形成　024
二、共祖長什麼樣子　034
三、人從古猿演化而來　039
四、人族成員　040

第二章　人類物種問題和古基因古蛋白研究 045
一、物種問題 047
二、人類的化石種 051
三、尼安德塔人、丹尼索瓦人和智人 055
四、基因交流的後果 059
五、夏河出土的丹尼索瓦人化石 062
六、古人類學研究方法的日日新 066
七、人類演化並非直線式的 068
第三章　最早的人族成員和雙足行走——人最重要的標誌 075
一、四種最早的人族成員 077
二、雙足行走的起源 086
三、雙足行走的演化 088

四、最早期人族成員的食物和雙足行走 091
五、採集者，非狩獵者 092

第四章　南猿——像猿多過於像人 095
一、史上最有名的南猿—露西 096
二、人類在樹上生活了大約四百萬年 101
三、三百六十六萬年前的腳印 105
四、南猿像牛羚般吃草 108
五、南猿的肉食和石器的發明 112
六、仍然像猿多過於像人 115

第五章　人屬——終於有些人樣了 121
一、人屬的最佳代表 122

二、肉食革命和昂貴器官假說 124
三、一百五十萬年前的直立人腳印 131
四、無毛的身體 132
五、終於有些人樣了 135

第六章　直立人出非洲記 141

一、上陳遺址和直立人離開非洲的時間 144
二、德馬尼西的直立人 147
三、直立人離開非洲的原因 151
四、直立人離開非洲的方式和速度 154
五、直立人來到中國 156
六、猿人和人 166
七、直立人走出非洲的意義 168

第七章　中國人從哪裡來

一、人類的起源和現代人（智人）的起源 173
二、智人起源的兩種假說 176
三、歐美學者如何看待中國出土的智人化石 179
四、基因、化石和石器證據 182
五、修正假說和兩派的和解 187
六、終究有非洲根源 193
七、重構兩種場景 198

201

第八章　人類膚色的演化——從黑到白

209
一、演化的力量—亮麗的非洲黑 211
二、膚色演化的機制 214
三、膚色演化和移民 216
四、膚色和基因 221

第九章　文明人還在演化嗎 229
一、文化演化和生物演化 232
二、乳糖耐不耐 233
三、耐砷基因 236
第十章　結語 241
一、達爾文：壯偉的生命觀 242
二、我們的身體裡有一條魚 245
附錄一　人類物種（化石種）一覽表 250
附錄二　為什麼是「演化」而非「進化」 255
圖片來源 260

推薦序一

生而為人

黃貞祥（國立清華大學生命科學系助理教授）

我們對自己這個物種的關注，遠超過其他生物物種，是合情合理的。因此，我們才會因為一小片古人類化石的發現，就在媒體上鬧得沸沸揚揚。

我們智人是現存唯一遍及全球的生物物種，在文明社會發展出來以前，草原、高山、沙漠、凍原等等嚴峻的生態區域都有人類的蹤跡，全球無論人種、膚色，也都有遠在非洲的共同祖先。作為一個充滿好奇心的動物，我們從古至今都愛追問祖先從何而來，只是過去的解釋是神話和傳說，現在是科學。

我在大學教授演化生物學時，原先很有野心地希望每年談人類演化時補充的最新科學發現，只需要用到當年頂尖科學期刊如《自然》（*Nature*）、《科學》（*Science*）和《美國國家科學院院刊》（*Proceedings of the National Academy of Sciences*）的學術論文就好，只是試了沒幾年，就改為讓學生自行分析最新的發現來當作考題，因為當這些發現一再「改寫教科書」，除非是學有專精的演化人類學家，否則可能很難有條不紊地傳道、授業、解惑了。

現在，這個教授人類演化的工作可以變得更輕鬆一些了，因為賴瑞和老師以平易近人的方式，寫下了這本好書。賴老師原是唐史學者，他精湛的史學功力，在梳理科學文獻時應付裕如。他對人類演化的興趣和探索並非是退休後閒暇時才有的嗜好，他在清大任教時就在圖書館慢慢閱讀相關文獻十幾年了。

其實，生物演化本來就是一個歷史科學的問題，人類的當然也不例外。只是生物學家一般擅長用分子、遺傳、發育、解剖、形態、生理、生化等等生物學的間接證據，重建出各類生物演化的歷史，這和史學用遺址、遺骸、器物、傳說、風俗、文獻等等試圖還原歷史真相，在本質上並無差別。賴老師用史學的學養來探究人類演化的示範，正說明了所謂的「文理不分家」的道理。

在這本書中，賴瑞和老師用深入淺出的方式來為大家介紹人類演化的來龍去脈，除了各種已知的重要知識，也很清楚地交代各種爭議之處。這本書就像是和朋友輕鬆聊天討論人類演化的對話，可是內容卻完全不失學者的嚴謹，不需要任何科學背景也能好好一讀。

我們智人貌似萬物之靈，似乎是地球的主宰，但是人類演化史可謂血淚斑斑，如果我們的祖先能像黑猩猩那樣生活在宛如花果山般的叢林樂園裡頭，有誰甘願到林地甚至稀樹草原冒險呢？我們現在知道，老祖宗和黑猩猩分家後，就演化出了許許多多人亞族（Hominina）的物種，包括知名的地猿屬、南猿屬、傍人屬、沙赫人屬、人屬等等，同時生活在地球上。和我們智人同屬不同種的物種也有不少，可是如今除了智人，其他人亞族的人類也都灰飛煙滅了。

過去認為是智人把其他人類給消滅了，可是近年古DNA基因體學的研究卻指出，歐洲大陸的遠古智人，可能和尼安德塔人及丹尼索瓦人有情慾流動，因此可能有約百分之一至四的基因來自他們。根據我在遺傳檢測公司 23andme 的報告，我就有約百分之二的DNA可能是來自尼安德塔人。

智人比起其他人類物種，可能更擅長交流，能夠產生出許多意想不到的緣分。當我於二〇一六年到母校清華大學分子與細胞生物研究所和生命科學系任教時，賴瑞和老師剛好從清大退休，回到馬來西亞柔佛州新山市的老家，雖然人文社會學院就在我們生命科學館的對面，但我並不認識賴老師。然而，非常碰巧的，我也來自新山。我們高中後都出國到臺灣留學，然後赴美念博士班，再回到臺灣的大學任教。

我們的祖父母輩，來自中國南方的省分，漂洋過海到南洋討生活。我常聽阿嬤說，當初他們在船上度過環境惡劣的艱困，捱不住的人一旦病死，會馬上被麻布包裹棄屍海裡。到了人生地不熟的南洋開埠，不同籍貫的華人，聚集在同一個城市打拼，夢想能夠給予子女更美好的生活。我們更古早的祖先，何嘗不也是為了更好的出路，願意前仆後繼地冒險遠渡重洋或翻山越嶺呢？於是直立人也好，智人也好，成為了遍及全球的唯二動物物種，寫下可歌可泣的宏大史詩，只是我們現在只能從他們稀少遺物的蛛絲馬跡中拼湊出支離破碎的隻言片語，待越來越多的化石出土，科技也越來越進步後，說不定我們能還原出史詩的一些篇章呢！

人類演化的故事還有諸多謎團，讀了賴老師的這本好書，心中也還有不少疑惑，原本想說疫情退散後，說不定有機會在他來臺或我回馬時跟他當面請教，更深入地詢問他身為史學家，對另一些生物學上的反面證據有何見解，沒想到當我把此書讀到一半時，就從馬來西亞的中文媒體得知他於四月二十六日因肝病與世長辭了，享年六十九歲，真是不勝唏嘘。

我們智人最了不起之處，是能夠留下思想和著作，即使肉身腐朽了，精神仍能長存，啟發一代又一代後人。感謝賴老師留下這本好書，如果可能，多年以後也希望能夠為此書增添更新的發現！

推薦序二

解密人類六百萬年演化史的「超級懶人包」

沈川洲（國立臺灣大學地質科學系國家講座特聘教授）

你是誰？我是誰？我們從哪裡來？又往何處去？自己號稱是智慧之人——「智人」的現代人，過去藉由化石與遺跡，重建人類從哪裡來的歷史。從西元一九九〇年開始，分子生物科技大躍進，古人類遺留在骨骸、土壤或沉積物裡的基因、蛋白質等分子化石，都成了當代人類學家解密的金鑰匙；一篇又一篇重要的論文，在過去二十幾年間如雨後春筍般出現，「人從哪裡來」的答案，也越辯越明。

但是，你真的有時間鑽研這些海量且艱深的學術文章，來了解自己的身世嗎？我想答案應該是否定的。不過，在這裡我要告訴你一個大好消息，現在有人已經幫你讀了，還仔細將這些研究成果彙整成了一部超級懶人包——這個人就是清華大學歷史研究所榮譽退休教授賴瑞和。賴教授在這本書中化身為福爾摩斯，以說故事的方式，從非洲開始，帶著你到全球各地尋找證據，完整解密人類的演化史，以及我們智人的故事。

現在，你可以悠閒地坐在家中，喝著喜歡的飲料，吃著喜歡的零食，翻開《人從哪裡來：人類六百萬年的演化史》這本書，爬在字裡行間，就可以輕鬆通曉六百萬年以來人類演化的精髓，成為一位「類」人類學家。黑猩猩、露西、尼安德塔人與丹尼索瓦人，也許突然間會從書本裡跳出來，跟你問好，屆時，可不要嚇一跳喔！

自序

人從哪裡來？我從小就很好奇。人是從泥土裡長出來的嗎，像植物那樣？還是從猴子「變」出來的？抑或是從垃圾桶裡撿回來的？我年輕時，讀過《世界史前史》和《中國古文明史》之類的書，始終沒有找到答案，頗為困惑。我後來才知道，這些書所寫的歷史，頂多只到一萬五千年前，但人類卻有六百萬年的演化史，有一大段被這些書省略掉了，難怪無法消解我的迷惑。一直到我五十多歲，到清華教書，得以使用清華藏書豐富的研究圖書館，我才有機會系統地細讀人類演化史的經典論述和最新論文，才慢慢解開了這個「謎」。

原來，「人從哪裡來」是個物種形成（speciation）的問題，也就是人這個「物種」，是怎樣一步一步形成的——歷經六百萬年，才從原本「像猿」那樣矮小的動物，慢慢演化成現在我們這種「像人」的雙足行走者。然而，達爾文的名著雖號稱「物種起源」，他卻沒有回答這問題，因為他那個時代，還沒有遺傳學和基因組定序（genome sequencing），無法解答。即使到今天，絕大多數的讀者，恐怕還是不知道人從哪裡來（你敢說你知道嗎？）即便是現在的人類演化史著作（大部分為英文書；中文書寥寥無幾或已過時），一般也不探討這個物種形成的課題，或語焉不詳。本書有詳細的探討，解決了我年少時的疑惑，希望也能化解讀者們的疑問。

過去十多年，在閱讀演化史材料時，我經常在飯桌上，跟我家小女兒談起人類演化的種種妙事，常常講到興奮處，忘了吃飯。她從大約九歲起，一直聽到十八歲上大學為止。她離家在外求學後不久，我也從國立清華大學歷史研究所退休了，回到我的出生地，馬來西亞最南端的邊城小鎮新山市（Johor Bahru），在城郊舊居退隱。

閒時無事，想起從前和女兒談論人類演化史的快樂往事，不覺動了心念，決定寫一本這樣的書，用一種深入淺出的說故事方式，用一般人看得懂的語言，講述人類過去六百萬年的歷史，也算是一本寫給我女兒讀的人類演化史吧。她在大學主修電視電影專業，非生物學或古人類學，但她當年在飯桌上，就能聽得懂我的「高談闊論」，如今也能看懂我這本書（我曾經給她看過本書的兩章初稿）。如果她能看懂，那麼其他一般高中程度的讀者，肯定也能讀懂了。

有朋友問起，這本書是學術著作嗎？問得好。我原以為，大家看到這樣的書名，應該就知道它不是學術著作，而是一本通俗普及類的歷史書＋科普書，因為學術著作不可能取這樣的書名。不過，要寫這種歷史科普書，必須要做許多研究工作，要讀很多最新最前沿的英文研究論文（中文的論文很少），也算是一種學術工作吧。

我的工作，類似英美科普作家（science writer）的工作——先蒐集專業古人類學的各種最新最好的文獻，再研讀消化，最後用說故事的方式，把最全面的人類演化史知識，有條理地呈現給一般的大眾讀者。我好比是一個廚師，在眾多科學文獻中，精挑細選出最佳最新鮮的「食材」，炒成一碟好菜，呈現給饕客們享用。我期許自己是個好廚師。

專業的古人類學家、古生物學家一般較少寫這類通俗讀物，因為這不是學術著作，無法在大學裡靠它升等。他們重視的是在國內外知名期刊上發表的論文。但是，這些專業論文往往是專家寫給專家看的，充滿術語和數字，內容深澀。大眾讀者恐怕難以卒讀。

然而，社會大眾和一般讀者，中學生和大學生，又很需要獲得最新最優質的人類演化史知識，以了解人類過去六百萬年的歷史。怎樣獲得？其中一個辦法，是上網搜尋。但網上的資訊往往真真假假、零零碎碎，作者和材料來源皆不明，充斥錯誤，如何可信？維基、百度一類的文章還好，最可怕的是，網上部落格和播客有許多「妙論」或「繆論」，天馬行空，容易誤導讀者。在這方面，能夠讀英文的讀者，比較幸運。近年來，英美出版界出了好幾本相當不錯的通俗讀物，有些也被翻譯成中文，如李伯曼（Daniel Lieberman）的《從叢林到文明，人類身體的演化和疾病的產生》（*The Story of the Human Body*）。

至於翻譯品質，有好讀有不好讀。不易讀的譯本不少，譯筆晦澀，常常不知所云，但即使是好的譯本，它到底還是翻譯書，難免會有一種「怪怪的翻譯體」，讓人讀了有隔靴搔癢的感覺，不如讀中文創作書那麼親切痛快。而且，這些英文書，原本設定的讀者就是英美讀者，非中文讀者，經常有「歐美中心論」的傾向，不會去照顧到中文讀者的閱讀習慣，也不會涉及中國的材料，比如大陸出土的那些古人類化石。

因此，我們需要一本特別為一般中文讀者撰寫的人類演化史。本書正是為了填補這一塊空白而寫。本書主要的立論依據，是最新的英文古人類學期刊論文（除了少數例外，書反而都有些過時）。這些論文多數發表在最頂尖的英美科學期刊上，如《科學》（*Science*）、

《自然》（*Nature*）和《美國國家科學院院刊》（*Proceedings of the National Academy of Sciences of the United States of America*）等等。本書中引證的材料皆註明出處，可供好學者和有興趣者作進一步的閱讀和追蹤，沒興趣者可略過不理這些註。全書內容兼顧可讀性和一定程度的學術深度。

本書的重點是人類演化史上最關鍵的幾個主題，尤其是人類最標誌性的特徵——兩足直立行走及其起源和演化。書中第七章〈中國人從哪裡來〉，更是專門為中文讀者撰寫，英文書不會涉及這樣的課題。同時，也特別把中國古人類學界的新發現，如二〇一八年發表的陝西藍田上陳遺址研究報告，納入人類演化史（直立人走出非洲）的框架下來討論（見第六章）。

人類演化史上有許多值得討論的課題，例如種族和基因組（從一個人的基因組去分辨其種族），語言的誕生和人類智慧的演化等等，但本書不想將篇幅拉得太長，設定在兩百頁左右，以免一般讀者見到三四百頁的厚書，望之生畏。所以本書只處理了最基本、最核心、最不可或缺的幾個主題。至於其他課題，我想將來有機會，且留待下一本書再來細說。

寫到這裡，突然想到，如果我還在大學裡教書，這本書倒很適合用作我的教科書，在通識部門開一門課。課名可取正經的《人類演化簡史》之類，或花俏一點的《我從哪裡來》、《人類文明前史》或《文明之前的人類野蠻史》。書中有搭配照片，也可以製作成投影片，更方便教學，增加教學效果。這樣一來，這門課就要比我那些年跟小女兒在飯桌上談論的人類演化史，更有系統多了。

最後，我要衷心感謝國立清華大學圖書館，在我成為榮休教授後，仍然給我保留我在職時的那個圖書館帳號，讓我如今遠在海外，依然可以上網連線到清華圖書館十分豐富的各種電子期刊庫和電子書庫，盡情閱讀最新一期的《自然》和《科學》等英文電子期刊，以及《中國知網》裡所收的中文期刊。如果沒有這些龐大的電子期刊庫可用，這本書是不可能寫成的。

賴瑞和

二〇二二年一月二十二日

第一章

人從哪裡來

——為什麼現在的猴子不能演化成人

有一個朋友，一聽我說要寫一本人類演化史的書，馬上就問：「達爾文不是說人是從猴子演化而來嗎？但為什麼現在的猴子，卻變不出人來？」

問得好！這也是演化生物學家和古人類學家，經常被問到的問題。答案其實也很簡單：人可不是從猴子演化而來的。達爾文絕對沒有這麼說，人們常把「猴子變人」的說法，胡亂套在達爾文頭上，主要是為了嘲笑他的演化論。

如果將問題改為：「為什麼現在的黑猩猩，不能演化成人？」答案也可改為：人不是從黑猩猩演化而來，而是在大約六百萬年前，跟黑猩猩有一個共同的祖先。

不少人也常問：如果人是從猴子或黑猩猩演化而來的，那為什麼現在還有猴子和黑猩猩？意思是，如果所有猴子和黑猩猩都變成人了，現在就不應當還有這兩種動物，不是嗎？這正好證明，人不是從猴子和黑猩猩演化而成，所以現在當然還有猴子和黑猩猩。

一、物種如何形成

那麼，人究竟是從什麼生物演化而來的？最精確的答案，就隱藏在人的基因組

（genome）裡。

近數十年來的基因組研究，有了大躍進。首先，在一九九〇年，美國科學家啟動了《人類基因組工程》（*Human Genome Project*），要為人類的整個基因組（兩萬多個基因，二十三對染色體，約三十億個DNA鹼基對）進行測序排列。這項工程後來由美、英、日、法、德和中國六個國家合作完成，花了十三年和三十億美元，在二〇〇三年繪製了《人類基因組圖譜》，終於把人類基因組的DNA序列破解了，號稱解開了生命之書的密碼。

接著，科研人員也在二〇〇五年為黑猩猩（chimpanzee），二〇一一年為紅毛猩猩（orangutan），二〇一二年為大猩猩（gorilla）以及二〇〇七年為彌猴（macaque monkey）完成了基因組定序。從此，研究人類的演化，我們除了出土的人類化石外，還多了一個更精準的科學利器——基因組。

所謂基因組，指生物細胞內所有的遺傳信息，以DNA序列形式存儲。人類基因組是一套完整的人類（智人）基因，位於二十三對獨立的染色體裡。現在，我們可以把人的基因組，拿來跟其他人類近親的基因組比對，從而更了解人跟其他猿猴的演化和遺傳關係，比如在何時跟黑猩猩等物種分離。

最新的研究結論是，人最親近的物種，其實不是彌猴，也不是大猩猩或紅毛猩猩，而是黑猩猩。同樣，黑猩猩最親近的物種，很多人會很「直觀」地以為，應當是大猩猩或紅毛猩猩，因為它們都長得「很像」，但其實都不是，而是人才對。人的基因，只有百分之九十三跟彌猴相同，但卻有高達將近百分之九十九跟黑猩猩相同。科研人員以一種「分子時鐘」計算，這意味著人跟黑猩猩有一個共同的祖先（common ancestor）。這個共祖在大約六百萬年前，分裂成兩個物種，一支演化為黑猩猩，一支演化成人（確實的分化時間仍有爭論。六百萬年是最多學者採用的年代，也有學者說是在五百萬到八百萬年前分化）[1]。在大約一百五十萬到二百萬年前，黑猩猩又分化出一個新的物種，稱為倭黑猩猩（學名*Pan paniscus*），俗名巴諾布猿（bonobo），散居在非洲剛果河南部，現瀕臨絕種。

我們今天常在爭論，氣候變遷對地球會有怎樣的影響。在地球的歷史上，氣候是經常會發生變化的，有週期性，有時變冷，有時變熱，乃自然現象，並不出奇，也並非近年才有。在人類的演化史上，氣候變遷更起了關鍵作用，可以說直接催生了人這個物種。人和黑猩猩的共祖（一種猿類動物），原本住在非洲赤道邊緣那些濃密的熱帶雨林裡，棲居在大樹上，靠採集樹上的果子為生，很少肉食。在六百五十萬到五百萬年之間，全球正巧又發生劇烈的氣候變遷，天氣變得比較寒冷和乾旱，雨量減少。非洲的熱帶雨林大幅死亡、萎縮，變成開敞的林地或稀樹草原[2]。共祖的食物來源跟著銳減，森林中覓食變得越來越困難，生存受到威脅。

在如此生死關頭，物種都會發揮它們最原始的本能，求變以求生。於是，人和黑猩猩共祖中的某些種群，那些生存條件最差最惡劣者，比如那些失去雨林保護的，便被迫走到林地來覓食。至於那些生存條件比較好的、那些住在雨林深處的，還未受到森林萎縮影響的種群，便仍然留在原地生活。這樣，經過數十萬年的演化，這兩個分居兩地的種群，便因生態環境和食物不同等因素，慢慢演化成兩個不同的物種。共祖一分為二，各走各的路。

就人類演化來說，非洲赤道地區的生態環境，大致可分為三種：雨林（rainforest）、林地（woodland）和稀樹草原（savanna）。雨林指那些樹冠極為濃密的大森林，樹木高達四、五十公尺，陽光幾乎無法從樹冠穿透到地面上，所以說是「封閉」的。黑猩猩至今仍住在這種濃密封閉的雨林中（圖1-1）。

林地和雨林的分別是：林地有樹林，但樹木一般沒有像雨林的那麼高，多在二十公尺

圖 1-1　剛果的一個熱帶雨林。

左右。樹木之間的間隔比較大，樹冠也沒有那麼濃密，陽光可以從樹冠之間的空隙照射到地面上，所以說「比較開敞」，比如尚比亞的某些林地（圖1-2）。

稀樹草原是最「開敞」的一種生態環境，因為樹木十分稀少，間隔最遠，如非州知名的塞倫蓋蒂（Serengeti）大草原（圖1-3）。傳統論述認為，人類從雨林走出來後，就進入稀樹草原生活，但自從查德撒海爾人等最早期人類的化石被發現後，已推翻了這種草原模式，因為這些最早期的人類（人族成員），其生存環境都不是稀樹草原，而是林地。他們善於爬樹，仍需要樹林的庇護。

圖 1-2 尚比亞的一處林地。最早的人族成員，都生活在這樣的林地。

圖 1-3 坦尚尼亞的稀樹草原。

為什麼一個物種會分裂成兩個，甚至更多個？這便是物種起源的奧祕。我們的地球在大約四十六億年前形成，最初沒有生命。最早的生命（一種單細胞體的菌類）在大約三十八億年前誕生，經過數十億年的演化和物種形成（speciation），便演變成今天大自然界中數千數億個物種（包括動植物），充滿了生物多樣性。它們的始祖，都可追溯到三十八億年前的那個菌類。它們都是從一個又一個共祖中分裂出來的，就像人和黑猩猩是從一個共祖分化出來一樣。

達爾文的名作《物種起源》（*On the Origin of Species*）一開頭便引用他朋友的話，形容物種起源為「玄中之玄」（that mystery of mysteries），表示這件事神祕不可解。此書出版於一八五九年，固然是劃時代的巨作，提出了影響深遠的演化論，但在達爾文那個時代，除了德國出土了尼安德塔人的化石之外，非洲還沒有任何人類化石出土，也沒有分子生物學、基因學等學科，達爾文的科學認知受到限制。他書中其實沒有解答新物種如何誕生，也從未解釋為什麼一個物種會分裂成兩個。他只論及自然選擇（natural selection）如何造成單一物種，為了應對新的生態，而不斷適應、演化，不能適應新環境的，便會滅絕。一直要到一九六〇年代，演化生物學家如邁爾（Ernst Mayr, 1904-2005）等人，才慢慢解開物種形成之謎[3]。

邁爾出生在德國，一九二六年二十一歲時，就在柏林大學獲得鳥類學博士。不久，他到巴布亞紐幾內亞去研究鳥類並收集鳥標本，再到紐約的美國自然歷史博物館任職，一九五三年成了哈佛大學的演化生物學教授，直到一九七三年退休。他在生物學上最有名的貢獻，在於他提出的「生物種概念」（biological species concept），常見於今天的生物學教科書：同個物種中的生物，能夠自然交配，並產下有生育能力的下一代，但跟其他物種有生殖隔離（reproductive isolation），即使交配，也無法產下有生育能力的後代[4]。雖然邁爾的生物種概念，有一些爭議的地方。比如，它不適用於植物和那些無性繁殖的細菌等，但它用於有性繁殖的動物界，卻極為有用，目前暫時還沒有其他概念可比。

最有名的例子，便是馬和驢。牠們原本有一個共同的祖先，但已分化為兩個物種。現在，在自然的情況下，馬和驢對彼此沒有「性」趣，不會交配；沒有交配，便沒有「基因交流」（gene flow），這便是所謂的「生殖隔離」。因此，馬和驢是兩個不同的物種。

然而，母馬又可以在人為安排下，和公驢交配，但生下來的騾，卻是個雜交種，完全沒有繁衍後代的生育能力。這也證明了馬和驢終究無法完成基因交流，所以馬和驢仍然是兩個相近的，但卻是不同的物種。

物種形成雖然有好幾種模式，但邁爾認為，最常見的模式是「異域物種形成」（allopatric speciation）[5]。在數百萬年前的非洲，人和黑猩猩的共同祖先，一分為二，最後演化出兩個不同的物種，正是一種「異域物種形成」的現象。所謂「異域」，指同一物種的種群，因某些地理因素，比如被高山或河流阻隔，或其他原因，分居在兩個不同的地方，形成「地理隔離」。分居在不同地理環境的同一物種，當然無法自然交配，最後會因各自的不同演化，慢慢演化成兩個物種。即使有一天，這兩個物種有機會打破原先的地理隔離，又重新住在相同的地域，牠們也無法再進行自然交配了，因為牠們已成了不同的物種。

例如，美國柯羅拉多州的大峽和河流，在大約一萬年前發生變化，把原本生活在當地的一種松鼠分隔兩地，使牠們無法自然交配，不再有基因交流。住在峽谷北邊的，便演化成凱巴（Kaibab）松鼠，特徵是腹部灰黑色。留在峽谷南邊的，則形成亞柏（Albert）松鼠，特徵是腹部為白色。牠們成了不同的物種，不但形貌不同，基因也相異。同樣，巴拿馬地峽在三百萬年前形成以後，也把當地的海膽、魚和蝦，分隔兩地，使牠們演化成兩種不同的、最親近的「姊妹種」（sister species）[6]。

不過，物種形成是一個異常緩慢的過程，往往需要數十萬年的時間，才能完成。以人和黑猩猩的共祖來說，在距今六百萬年前，開始有一些共祖種群走到林地來生活，但地理隔離和生殖隔離，並非在數百年間形成，而需要更長時間。比如說，在開始分化的初期，森林仍不斷在萎縮，森林種群仍然會斷斷續續走到林地上來覓食，並且跟那些已在林地長期定居下來的種群自然交配，進行基因交流，以致這兩個種群無法形成徹底的生殖隔離，於是也就不能演化成兩個物種。

最新的基因組研究發現，人和黑猩猩的分離，不是一種速斷速決的「乾淨」分手，而是一場很「纏綿」，很「拖拖拉拉」的分手，好像一對深情的戀人那樣。二〇〇六年有一項研究，甚至根據基因組證據來推論，說人和黑猩猩原本在約六百五十萬年前分離，並且有了生殖隔離，但雙方又在約一百萬年後，重新交配，最後才在五百四十萬年前分手[7]。當時，這項研究引起媒體的熱烈炒作，甚至說成是「人曾經和黑猩猩交配過」。這種聳動標題，當然是媒體最愛的。比較正確的說法是：「人的遠祖，曾經跟黑猩猩的遠祖交配過」。後來有科學家對這項研究的基因組證據，作了更進一步的解讀[8]。

比較保守的看法是，早期的人類祖先，雖然出走了雨林，但依然可能跟黑猩猩的祖先，在雨林和林地的邊緣交界地帶，進行交配，時間長達「數十萬年」之久，才因生殖隔離分手[9]。分手之時，雙方應當都已歷經過相當程度的演化，樣貌和形態特徵有了明顯的差異。雙方不再視對方為「同類」，於是也就不能相互吸引，進行交配，最後才演化成兩個不同的物種。

二、共祖長什麼樣子

我們好奇的是：人和黑猩猩的共祖長什麼樣子？

過去，不少學者認為，這個共祖長得像現在的黑猩猩。這是因為他們假設，黑猩猩住在雨林，生態環境和食物比較單純，沒有遭受到太多的演化壓力，所以牠的長相和形態，從六百萬年前跟人類分家之後到現在，應當沒有太大的改變，也就是跟共祖長得相似。然而，黑猩猩的化石，不像人類化石那麼多，至今僅有幾顆牙齒出土[10]，因此我們對牠在數百萬年前的長相，幾乎全靠猜測，沒有化石證據。如果有更多的黑猩猩化石出土，我們應當會發現，牠其實也跟人一樣，經歷過不同的身體形態特徵的演化，可以分成早期黑猩猩、晚期黑猩猩等等。

六百萬年是一段很長的時間，等於中國五千年文明史的一千兩百倍。黑猩猩的祖先，跟人類的祖先分離之後，不可能沒有歷經演化。二〇〇七年，美國密西根大學的研究人員，分析了人類和黑猩猩的一萬四千個基因，特別是那些具有正選擇（positive selection）特徵的基因（那些對物種有用而被保留下來的基因突異）。研究結果發現，人類只有一百五十四個基因具有正選擇跡象，黑猩猩則有兩百三十三個。這說明黑猩猩跟人類一樣，在過去數百萬年間，也在不斷演化[11]。共祖的長相，應當不像人，也不像現在的黑猩猩。

二〇一五年的一項研究，把幾種早期人類化石的肩胛骨，拿來和現代猿類及現代智人的肩胛骨相比，做成3D影像，探討這些肩胛骨的演化史。得出的結論是，人類和黑猩猩的共祖，其肩胛骨應當長得像現在非洲的黑猩猩或大猩猩[12]。

二〇一七年的一項最新研究，探討猿家族（hominoids）祖先的身體重量，發現兩千五百萬年前，猿家族共祖（common ancestor of hominoids）的重量，是現在長臂猿（gibbon）的重量，即大約五公斤，遠比過去所認知的輕。這項研究也證實，人和黑猩猩共祖的體重，大約是現在黑猩猩的體重，也就是四十五公斤[13]。

二〇〇九年十月，美國加州大學伯克利分校古人類學家懷特（Tim White）的一支國際研究團隊，在知名的《科學》（*Science*）期刊上，發表了他們一九九二到一九九四年在非洲衣索比亞發現的那個始祖地猿（*Ardipithecus ramidus*）的研究結果[14]。這地猿為女性，且根據其腳趾化石的比較分析，推論她能以一種原始的步伐，直立雙腳走路，距今約四百四十萬年。懷特認為，這地猿既不像人，也不像黑猩猩，但同時帶有人類和黑猩猩兩者祖先的某些模樣[15]。他的研究團隊宣稱，始祖地猿是人和黑猩猩系譜分化以後，屬於人類系譜的化石。在沒有其他更好的化石證據之下，這個始祖地猿（圖1-4），或許可讓我們一窺共祖的若干樣貌[16]。

雖然我們不宜把今天的黑猩猩，當成是共祖的替身來看待，但共祖既然屬猿類，自有猿家族的基本樣貌和共同特徵。比如，猿都沒有尾巴（但獼猴等猴類，不屬猿家族，有尾巴），猿身體布滿了毛髮。就這點而言，共祖和早期的人類，應該也沒有尾巴，且全身毛茸茸的，身體比例（手長腳短）和頭部特徵，也比較像猿和現在的黑猩猩，多過於像後來演化的直立人（*Homo erectus*）。

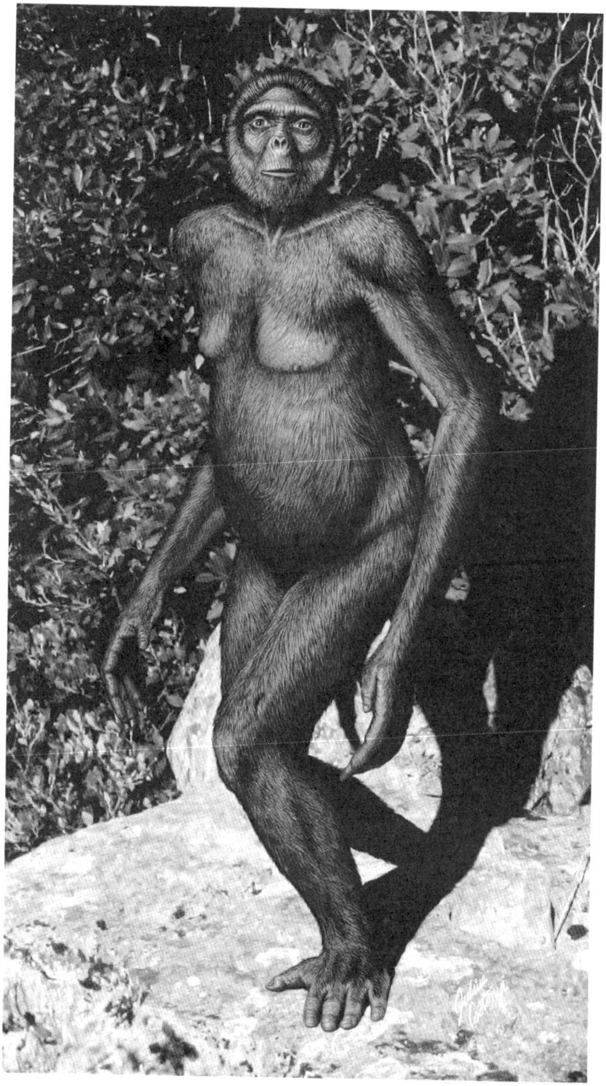

圖 1-4 始祖地猿復原圖。

經過幾百萬年的演化，我們現代人的身軀上，毛髮幾乎已經落盡，身體比例也不再像猿，臉部從側邊看過去，變得比較垂直平坦（口鼻和口吻部分沒有太突出），跟我們最親的物種黑猩猩，長相差別越來越大。雖然我們和黑猩猩的基因，有將近百分之九十九相同，只有約百分之一的差異，但也不要小看這百分之一的差別。人的基因組，有超過三十億鹼基對，百分之一的差別，等於約三千萬個基因分別。這就使得黑猩猩看起來只是「有些」像人罷了，並不「很像」，以致我們今人都很「直覺」地把黑猩猩視為另一個物種，不可能跟牠交配，證明邁爾的生物種概念是對的——只有同個物種的種群才會自然交配。但我們也應當意識到，黑猩猩不但是人最親近的一個物種，而且還是「姊妹種」，就像巴拿馬地峽兩邊那些「姊妹種」魚蝦一樣，源自同一個祖先。改天你如果有機會到動物園走走，不妨到黑猩猩的籠子前看看，緬懷一下，在六百萬年前的非洲，你和這頭黑猩猩，曾經有過一個共同的祖先。

三、人從古猿演化而來

前面提過，人不是從猴子或黑猩猩演化而來。比較精確的說法是，人和黑猩猩有一個共同的祖先，在六百萬年前開始分離，最後才演變成兩個不同的物種。不過，在古人類學界，還有一個比較「簡化」的說法：人從猿演化而來（Humans evolved from apes）。那麼，「人從猿演化而來」，跟「人從猴子或黑猩猩演化而來」，又有什麼差別呢？

差別是：猴子不屬於猿類。而且，我們現在所說的「猴子」，是一種現代的動物。人不可能從這種不屬於猿類的現代動物演化而來。

黑猩猩屬於猿類，但牠卻跟猴子一樣，是一種現代動物。人也不可能從這種現代動物演化而來。不過，我們倒是跟這種現代動物，在六百萬年前有一個共同的祖先。這個六百萬年前的共祖，不能說是「黑猩猩」，但可以很含糊地稱之為「猿」或「古猿」，因為那個共祖肯定屬於「猿」類。古人類學家，有時為了省事，就說：「人是從猿（或古猿）演化而來」。

然而，在英文論述裡，也有人反對這樣的簡化說法。他們認為：「人不是從猿演化而來。人就是猿。」（Humans did not evolve from apes. Humans are apes.）。這樣的說法表面上有道理，但太過拘泥於科學分類上的意義，過於死板，恐怕不可取。沒錯，在科學分類法下，人屬於靈長目人猿超科（Hominoidea）的一員，但「猿」（apes）不是科學分類法的用詞，在一般傳統和非科學用法下，「猿」並不包括人。因此，美國知名的古人類學家約翰．霍克斯（John Hawks）在部落格的一篇文章說：「人是人猿超科」（Humans are hominoids），「但人不是猿」（But humans are not apes）[17]。重點在於：「猿」既然不是科學分類法的專用名詞，在我們日常的認知裡，此詞不論在英文或中文，都不包括人在內。因此，我們不能說，「我們人就是猿」（這聽起來就怪怪的），但我們可以說，「我們人屬於人猿超科」（這聽起來很自然）。

四、人族成員

在近年的英文古人類學論述，甚至在通俗的英文報章雜誌上，常見一個詞 hominin（在大約二〇〇七年之前，則寫成 hominid）。例如，二〇〇一年法國古人類學家布涅

（Michael Brunet）發現查德撒海爾人時，他便宣稱他找到了一個 hominid 化石。此詞的定義，各家的說法不太一樣，但目前主流的用法，是指人類系譜中的人族成員，和黑猩猩系譜相對。

這是個用途很廣的泛稱，可以指六百萬年前最早的人類祖先，也可以指阿法南猿、直立人，甚至尼安德塔人和智人。使用此詞有許多好處。比如，當科研人員發現一個出土化石，確定他屬於人類系譜，但還不肯定他屬於南猿還是人屬時，就可以說他是個 hominin 化石。

奇怪的是，此詞幾乎不見於中文的論述。原因之一，很可能是因為中文論述在這類場合，一般都以最簡單的「人類」兩字，來表達英文 hominin 的概念。比如，英文若提到 hominin fossils 時，中文好像只要寫成「人類化石」就可以了，不須再為 hominin 取個特定的中譯，但這樣不夠精確，故本書把它譯為「人族成員」（也有學者譯為「人科動物」），並且將在以後各章中使用。

註釋

1. 最早以基因數據來計算人和黑猩猩等巨猿遺傳距離的，是當時臺灣清華大學生命科學系博士生陳豐奇和美國芝加哥大學的李文雄（陳的指導教授），見 F. C. Chen and W. H. Li, Genomic divergences between humans and other hominoids and the effective population size of the common ancestor of humans and chimpanzees. *American Journal of Human Genetics,* 68 (2): 444-456 (2001). 詳細的討論見 Eugene E. Harris, *Ancestors in Our Genome: The New Science of Human Evolution.* New York: Oxford University Press, 2014, 第三章。頁四十一特別引用了陳豐奇的這篇論文。
2. J. D. Kingston, Shifting adaptive landscapes: Progress and challenges in reconstructing early hominid environments. *Yearbook of Physical Anthropology,* 50: 20-58 (2007); T. E. Cerling et al., Woody cover and hominin environments in the past 6 million years. Nature, 476: 51-56 (2011).
3. Jerry A. Coyne, "The origin of species," *Why Evolution Is True.* New York: Penguin, 2009, pp. 168-170. Coyne 是邁爾的學生，專門研究物種形成。他跟 H. Allen Orr 合寫的《物種形成》（*Speciation*）一書（Sunderland, Mass.: Sinauer Associates, 2004），是這方面目前最通行的參考用書和教科書。本書論及物種形成，主要根據 Coyne。
4. Ernst Mayr, *Animal Species and Evolution.* Cambridge, Mass.: Harvard University Press, 1963.
5. Ernst Mayr, *Animal Species and Evolution;* Eugene E. Harris, Ancestors in Our Genome, p. 49.
6. Jerry A. Coyne, "The origin of species," *Why Evolution Is True,* pp. 170-175.
7. N. Patterson et al., Genetic evidence for complex speciation of humans and chimpanzees. *Nature,* 441:

1103-1108 (2006).

8. Eugene E. Harris, Ancestors in Our Genome, pp. 52-53; T. R. Disotell, "Chumanzee" evolution: the urge to diverge and merge. *Genome Biology,* 7 (11): 240 (2006).
9. Eugene E. Harris, Ancestors in Our Genome, p. 53.
10. Sally McBrearty and Nina G. Jablonski, First fossil chimpanzee. *Nature,* 437: 105-108 (1 Sept. 2005).
11. M. A. Bakewell, P. Shi and J. Zhang, More genes underwent positive selection in chimpanzee evolution than in human evolution. *Proceedings of the National Academy of Sciences,* 104: 7489 (1 May 2007).
12. Nathan M. Young et al., Fossil hominin shoulders support an African ape-like last common ancestor of humans and chimpanzees. *Proceedings of the National Academy of Science,* 112: 11829-34 (22 Sept. 2015).
13. Mark Grabowski and William L. Jungers, Evidence of a chimpanzee-sized ancestor of humans but a gibbon-sized ancestor of apes. *Nature Communications,* 8: 880 (12 Oct. 2017).
14. 見 *Science* 二〇〇九年十月二日的始祖地猿專輯。
15. T. D. White et al., Neither chimpanzee nor human, *Ardipithecus* reveals the surprising ancestry of both. *Proceedings of the National Academy of Science,* 112: 4877-4884 (2015).
16. 始祖地猿的圖像見下址：https://www.pinterest.co.uk/pin/760123243365061728/。（見下方 QR）
17. http://johnhawks.net/weblog/topics/phylogeny/taxonomy/humans-arent-apes-2012.html.

第二章

人類物種問題和古基因古蛋白研究

我在清華大學教書時，常愛問大學生和研究生一個問題：「有一天如果有個外星人來到地球，問你是什麼物種的人類，你要怎麼回答？」不少同學大概從未想過自己是什麼「物種」，通常答不出來。標準答案，當然是：智人（*Homo sapiens*）。

智人這個物種，以往認為是大約二十萬年前，在非洲演化而成，但在二〇一七年的《自然》科學期刊，有一篇研究報告說，在北非摩洛哥發現的一些智人化石，用最新的定年方法測定，有大約三十萬年的歷史。於是智人的歷史，又可往前推了十萬年[1]，跟以往教科書上所說的不同了。人類的演化史，常常會因新發現而不斷被改寫，須時時留意最新的研究成果才行。

自從人跟黑猩猩在約六百萬年前「纏綿」分手後，雙方就像一對分手後的情人那樣，各自走上不同的演化道路。我們對「舊情人」黑猩猩後來的演化歷程，所知很少，主要因為牠的化石出土太少了，只有幾顆牙齒（見第一章）。我們對人類跟黑猩猩分手後的演化過程，倒是略有所知，主要因為人的化石比較多一些。然而，這些人骨化石，大部分都很殘缺，往往只有一個頭骨、一小段腿骨、一小根手指之類，因此，歐美古人類學界有個笑話說，你可以把好幾個人類物種的化石，全裝在一個鞋盒裡，還放得下一雙好鞋。但幸好還有少數幾種化石比較完整，例如知名的阿法南猿露西（Lucy）（見第四章），以及非洲直立人圖爾卡納少年（Turkana Boy）（見第五章），對我們研究人類演化大有幫助。

出土的人骨化石，該怎樣定物種，取學名，是個容易引起爭論的問題。比如，我們常常聽到地猿、南猿、直立人、尼安德塔人等名詞，好像人有許多個物種，讓人眼花，令人困擾。本章就從物種的角度，來討論人骨化石的若干課題，以及最新的古基因組和古蛋白研究，如何可能改寫人類演化的歷史。

一、物種問題

人到底有幾個物種？套一句常用的話：這要看你如何界定「物種」。你是指邁爾生物種概念下的生物種？還是指形態學物種概念（morphological species concept）下的化石種？如果你是指生物種，那答案是：不知道。如果你是指化石種，那答案是：大約二十四種。

我們可以肯定的是，目前地球上，其他人類物種都已經滅絕，人只剩下單一物種了，那就是我們這種智人。不管是東方人（體型比較瘦小，眼睛大多為棕色，頭髮大多為黑色），還是歐美人（體型比較高大，眼睛顏色多樣化，有藍色灰色等等，且多為高鼻深目），或是非洲人（皮膚黑褐色，頭髮有些捲曲），各有各的不同長相，但他們全都屬於智人，屬於同一個物種。

何以證明我們今人都是同一物種？很簡單，用邁爾的生物種概念（見第一章）。不管是東方人、西方人或非洲人，還是白人或黑人，只要雙方合意，看對眼，全都可以互相自然交配，並生下有生育能力的後代（這點很重要）。既然彼此可以進行基因交流，沒有生殖隔離，所以我們今人都是同一個物種。

再從基因證據看，目前地球上的不同人口，如東亞人和歐洲人，其基因高達百分之九十九點九相同，只有約百分之零點一微小的差異。這種差異，學者稱之為「人類差異」（human variation，又譯「人類變異」），是一門專門的學科，可以在大學開課，有本身的教科書[2]。幸好人類有這樣的微小差異，否則人的基因如果百分之百相同，全世界的人都長得一模一樣，那就彷彿是克隆人（複製人）或機器人了，多可怕。兩個人的基因完全相同，只見於同卵雙胞胎。只有他們才長得完全相同。另一種雙胞胎——異卵雙胞胎——則不完全相同。

其實這也是任何生物都會有的現象，也稱為基因差異（genetic variation）。比如，非洲獅子是同一個物種，但研究獅子的專家會告訴你，每一頭獅子長得都不太一樣。人的差異，主要表現在皮膚、眼睛和頭髮顏色的不同，以及體型、身高、臉部特徵的不同上。然而，這種差異，目前還沒有大到足以形成不同的物種，我們不必擔心。

想想看，現今在地球上生活的七十多億人口，假設他們不是同一個物種，那會產生什麼後果？後果嚴重。有些人口會不願意跟另一些人口交往、結婚和交配，即使交配，也會生下沒有生育能力的下一代，或有基因缺陷的畸型嬰兒。不同的人類物種，是否也要組成不同的國家、政府、學校和醫院？他們可能也會互相仇視、殘殺，那就天下大亂了。世界各國政府恐怕也要規定，每個人在結婚之前，必須進行基因篩檢，以確定男女雙方都必須是同一個物種，才能允許結婚。

然而，我們的地球，在過去數百萬年前的某些時段，的確有過好幾個不同物種的人類，同時生活在相同地區的現象。比如在非洲，大約三四百萬年前，南方可能住著非洲南猿和源泉南猿，中部可能住著始祖地猿。他們如果「不小心」在同一個地方碰面，可能馬上會意識到，對方跟我為不同物種，最好趕緊避開，更不要說去交配了。或者，可能把不同物種的對方殺害，當成晚餐。

不過，非洲南猿、源泉南猿和始祖地猿，是否為不同物種（生物種），我們其實不知道，因為目前沒有任何基因證據。現在僅有的證據，是他們出土的化石，只能從化石的形態特徵，知道他們長得不太一樣，是不同的化石種，但無從知道他們是否有生殖隔離，會不會自然交配。除非有一天，基因學家有本事為數百萬年前的人族成員化石，進行古基因組定序，才能確定他們有沒有交配過、他們的共同祖先是誰、他們的演化關係又是怎樣。

二〇一三年，科研人員成功為一個約七十萬年前的馬腿骨化石，做了完整的基因組定序，震驚科學界，並釐清了馬在演化史上的許多奧祕[3]。這對人類演化的研究，很有啟發作用。二〇一六年，科研人員從西班牙知名的「骨骼坑」洞穴一個四十三萬年前的人族成員化石中，成功取得核基因和粒線體基因（但還不是全基因組）來作分析，揭示他接近尼安德塔人[4]。二〇二一年二月，瑞典研究員又有了新的突破，從三支西伯利亞東部長年凍土中保存的猛瑪象牙，成功提取了超過一百萬年的古基因組，從而對猛瑪象的演化歷史，有了新的認識[5]。

由此看來，在未來幾年，古基因學家有可能為一百萬年或更古老的人族成員化石，做全基因組定序，到時人類身世之謎，就可以進一步揭曉了。人類演化史又將大大被改寫。

二、人類的化石種

二〇一三年十一月，南非約翰尼斯堡市郊一個地下洞穴，發現了一大批人族成員化石。由於洞穴的地下通道十分狹小，體型較大的男性無法通過，於是古人類學家博格（Lee Burger）組織了一支探測隊，特別在臉書和推特等社交媒體上刊登廣告，向全世界招聘「身材瘦小、有考古或古生物學背景，又有攀爬洞穴經驗的女性」，最後請到了六位，進入洞穴取出化石。取出之前，大家紛紛猜測，這會是哪一個物種的化石：是像猿（apelike）的南猿屬（*Australopithecus*），還是像人（humanlike）的人屬（*Homo*）？當一個頭骨碎片取上來時，博格看了看，馬上宣布這是人屬[6]。二〇一五年，將它命名為納萊迪人（*Homo naledi*）[7]。換句話說，他比較像人（指我們這種智人），不像猿（指黑猩猩）。

「像人」和「像猿」是古人類學界常用的兩個詞，特別是在英文的論述。這意味著，學者常常把出土化石，拿來跟今天的黑猩猩和人類相比。如果「像猿」，那麼這化石就是比較古老的物種，要放到南猿或更古老的地猿屬去。如果「像人」，則放在人屬。

截至本書完稿日為止，古人類學家在非洲和其他地方，找到大約二十四種人類物種的化石，並且為它們一一取學名，定它們的「屬」（genus）和「種」（species）（詳見附錄一），表示人類在過去六百萬年，曾經有過約二十四個物種。但他們都一一滅絕、消失了。現在，地球上只剩下單一物種——我們這種智人。

每當有一種新的人族成員化石出土，古人類學家往往會宣稱，他發現了一個嶄新的人類物種。媒體也趁機把它炒作成新的「缺失環結」（the missing link），以致於人的物種，好像越來越多了。實情是否如此呢？人類真的有那麼多個物種嗎？

我們好奇的是：學者為某一出土化石取學名、定物種，用的是什麼方法、什麼標準？答案：用的是形態學（morphology）和解剖學的方法，是根據化石的形態樣貌和解剖特徵來做判斷，不是用基因學方法或生物種概念。

相比之下，生物學家現在要判斷兩種活的生物，是否為同一物種時，多用基因方法以及生物種的概念，不再以形態學上的相似度來做判斷，因為樣貌相似是極不可靠的。例如，美國的國鳥白頭鷹（bald eagle, *Haliaeetus leucocephalus*），跟墨西哥、奧地利等國的國鳥金鵰（golden eagle, *Aquila chrysaetos*）長得像極了，但牠們卻是兩個不同的物種。

這意味著，古人類學家所說的地猿、南猿、直立人等等，並不是真正的生物種，而只是化石種（fossil species），純以化石來作物種分類，用的是一種形態學的物種概念，跟邁爾的生物學物種概念相對。這是不得已的辦法，因為除了我們這種智人外，早期的人類都已滅絕了，目前還無從知道他們是否曾經互相交配過，是否有生殖隔離，只能用形態學和解剖學的老方法了。

古人類學家根據形態上的差異，常把幾乎每一種新出土化石，都說成是一個新發現的新物種，這恐怕也跟學術界的生態有關。因為，如果研究員發現的化石，是一個已知的、已被命名的物種，那好像不怎樣；學術貢獻上，也遠遠不如發現了一個新物種。這就是為什麼，古人類學家有一個常見的傾向，往往過於強調化石形態上的小小差異，比如大臼齒差了那麼幾個公釐，或頭骨看起來比較原始，便根據這樣的形態差異，把他新發現的化石，說成是一個新的人類物種，以彰顯他這個發現有多重要。但這也導致人類化石種的數目，越來越多。事實上，人類真正的生物種，其數目應當不像化石種那麼多。

這也是為什麼，學者對出土人類化石的解讀，常常有爭論。例如，二〇〇二年查德撒海爾人的出土研究報告剛發表時，發現者布涅認為，它屬於人類系譜的人族成員（hominid，但現在多寫成 hominin）[8]。最重要的證據是，它頭骨的枕骨大洞位置，偏向腦前方（黑猩猩等猿類的則偏向腦後方），證明查德撒海爾人能雙足站立行走（詳見第三章）。雙足行走正是人類最重要的標誌之一，跟黑猩猩等巨猿以四肢指節行走（knuckle walking）有別。

然而，沃爾波夫（Milford H. Wolpoff）等反對者則認為，查德撒海爾人只有頭骨出土，下半身的骨盆、腿骨和腳骨沒有找到，還不足以完全證明他能雙足行走。他的臉部特徵又太「像猿」，太原始。他不應當屬於人的系譜，應當是「猿」[9]。

實際上，人類真正的生物種應當沒有那麼多。學界目前分成兩派，一派叫「綜合派」（lumper），另一叫「細分派」（splitter）。綜合派認為，那些看起來略有差異的化石，可能並不代表兩個物種，而是一個，應當儘量綜合。細分派則主張，分得越細越能描述化石，但結果是人類的化石種，越分越多。

二〇一〇年，尼安德塔人的基因組研究成果，終於公布了，再次凸顯這個古老的物種問題。從此，尼人不只是個化石種，而且也可算是個生物種了，因為他的基因組被破解了。

三、尼安德塔人、丹尼索瓦人和智人

長久以來，人類演化史上的一大懸案，便是智人在大約六萬年[10]前，走出非洲，來到歐亞大陸時，他們有沒有跟當時還住在歐亞的尼人交配過？過去數十年，這懸案無解，因為沒有證據，只有各家的猜想。

二〇一〇年，懸案終於解開了，而且證據確鑿。德國馬普演化人類學研究所所長，古基因學家帕玻（Svante Pääbo）的研究團隊，在這年五月的《科學》（*Science*）期刊上，發表了研究報告，揭露了尼人之謎，成功為尼人的整個古基因組做了初步定序[11]，讓世人驚訝。二〇一四年初，帕玻團隊以一個在阿爾泰山脈洞穴發現的尼人女性腳趾骨，再為尼人做了更詳細、全面的基因組定序[12]。二〇一七年，又為一個在克羅埃西亞洞穴發現的尼人女性遺骨，做了高覆蓋率的基因組定序，獲得了更多尼人的基因訊息[13]。

帕玻團隊和其他科研人員，把尼人的基因組，拿來跟現代人的比對，發現今天歐洲人、亞洲人和其他非洲大陸以外的人，他們竟帶有百分之一到百分之三尼人的基因。這就證明了，尼人曾經和現代人的祖先交配過，雙方有基因交流，而且還產下有生育能力的下一代，所以才能把他們的基因，遺傳到我們今人身上[14]。

這意味著什麼？這表示，尼人跟我們今人一樣，應當屬於同一個物種，令不少學者大跌眼鏡！今後，我們是不是應當把尼人，改列為智人的一個亞種？

按照邁爾的生物種概念，能夠自然交配，並且能生下有生育能力的下一代，就是同一個物種。尼人曾經和我們的祖先交配過，以致我們今天幾乎每個智人身上（非洲人除外，見下段文字），都還帶有尼人的基因。這不就證明，雙方沒有生殖隔離嗎？雙方都有性的吸引力，可以自然交配。雙方也完成了基因交流：我基因中現在有了你，你基因中也有了我[15]。你我不就是同一個物種嗎？

還有一個很好的旁證。帕玻的研究團隊發現，今天非洲人的基因，沒有尼人的基因。因為尼人的活動範圍，是在中東，後來擴散到西亞和歐洲，在大約三萬年前滅絕，但從未到過非洲，未曾和非洲的智人交配過，沒有基因交流，所以今天的非洲人，自然也不會帶有尼人的基因了。

不過，這一點需要釐清，因為二〇二〇年二月，美國普林斯頓大學一支研究團隊，利用一種新的基因分析法，發表了一項最新研究，顯示非洲人其實普遍帶有尼人的基因。這不是因為尼人曾經到過非洲，而是因為那些在近東等地居住的現代智人，跟尼人交配後，其後代重返非洲。這些後代的後代又跟本土非洲人交配，結果便把他們身上已有的尼人基因，傳給了非洲人[16]。

帕玻團隊還有一個重要的貢獻。他們意外地在西伯利亞阿爾泰山脈丹尼索瓦（Denisova）洞穴出土的一個小女孩手指骨中，發現了一種新人類，其基因不同於尼人，也不同於現代人。團隊以出土洞穴，將她命名為丹尼索瓦人（Denisovan）[17]。東南亞及大洋洲三十三個族群的基因中，有部分遺傳自丹尼索瓦人[18]。今天的藏族人，很可能也從丹尼索瓦人那裡，遺傳到一個叫 EPAS1 的基因，讓他們可以適應高山缺氧的生活[19]。這意味著，丹尼索瓦人很可能是一個廣泛散居在整個亞洲（包括現今中國）和東南亞的物種（更多詳情，見本章第五節）。

問題是：尼人、丹尼索瓦人是否跟現代人（智人）屬同個物種？帕玻本人對這問題不願正面回答。美國《科學》期刊的記者吉朋斯（Ann Gibbons）去採訪他時，他說：「我想，爭論什麼是物種，什麼是次物種，都是徒勞無用的學術行為。」所以他不願把他團隊發現的新人類，定為新的人類物種，只稱之為丹尼索瓦人了事，刻意不給他取個物種學名。他說：「為什麼要表明立場（定物種）？這只會引發更多的爭論，然而又沒有人可以做最後的判決。」

然而，吉朋斯去採訪美國威斯康新麥迪生分校的分子人類學家霍克斯（John Hawks）時，他卻很明確地說：「他們互相交配過。我們就叫他們同個物種。」[20]但也有一些學者，不認為尼人和智人是同一個物種[21]。

專門研究物種形成的康恩（Jerry Coyne），在他的部落格中，對這個物種問題有相當詳盡的討論，值得一讀。他的結論說，他同意霍克斯的看法：尼人、丹尼索瓦人和我們現代人，都是同個物種（智人）的成員[22]。

尼人有不少化石在歐洲出土，透露他們的體型不同於現代人，腦甚至比現代人還大，但他們依然可以跟現代人的祖先完成基因交流。這顯示，尼人和智人原本屬於同一個物種，交配時可能正處於漫長的分化過程當中，但又還沒有完成分化，還沒有產生徹底的生殖隔離，還可以進行交配，所以還屬於同一物種。

四、基因交流的後果

過去，科學家、科幻作家和歷史小說家，常在幻想，如果有辦法讓一個尼人復活，讓他去跟一個現代女子交配，會產生什麼樣的「愛情結晶」？什麼樣的「怪胎」？其實，這樣的「實驗」早已經做過了。早在五六萬年前，在中東地區和歐洲，尼人男子就曾經跟不少智人女子交配過。智人男子也曾經跟不少尼人女子交配過，其結果就是現代智人男女，都帶有百分之一到百分之三的尼人基因，並沒有產生什麼「怪胎」。

尼人和智人交配，雖然可以產生有生育能力的後代，但最新的兩項研究卻也揭示，他們交配孕育的後代，其生育能力比較低，特別是男性[23]。這也顯示，尼人和智人並非「完美的配偶」。雙方正處於即將分化的邊緣，快要走向生殖隔離了。

有一個問題是，尼人據所知不曾到過東亞，何以現今的東亞人，包括中國、印度、日本和朝鮮半島以及東南亞和大洋洲人，仍然帶有約百分之一到百分之三的尼人基因？古基因學家的解釋是，智人是在西亞地區和尼人交配，而這些智人的後代又繼續擴散到東亞，所以也把尼人的基因帶給東亞人。

尼人的基因遺傳給現代智人，有什麼影響？科研人員目前正在積極探討這個問題，發現的影響有好有壞。好的比如「能幫助現代人較快地適應歐亞大陸較冷的環境」，壞的則如「使現代人對糖尿病、肝硬化、紅斑狼瘡、局限性腸炎等疾病更加敏感，而且對吸菸更容易上癮」。[24]

二〇一九年底爆發的新冠肺炎（Covid-19），至今造成全球數千萬人得重症或死亡。現代人體內的尼人基因，再次引起科研人員的注意。帕玻的研究團隊發現，新冠肺炎重症者當中，有不少人的第三號染色體有一段基因源自尼人。有這段尼人基因的現代人，比較容易染上嚴重的新冠病毒，需要住院，可能因而死亡。南亞人當中，有百分之五十帶有這段尼人基因。歐洲人則有百分之十六[25]。

近年來，古基因研究取得不少令人驚喜的新成果。除了發現尼人曾經和智人交配過之外，也發現丹尼索瓦人曾經跟尼人以及智人有過基因交流。在晚更新世，也就是從大約十萬年到三萬年前，歐洲和亞洲同時存在著三大人類物種：尼人、丹尼索瓦人和智人，且三者之間的交往和交配相當頻繁。

最新的戲劇性研究發現，是在二〇一八年八月。《自然》期刊發表了一篇報告：帕玻的研究團隊成功為九萬年前活在西伯利亞阿爾泰山洞的一個十三歲女子的化石（圖2-1），做了完整的古基因組定序——她的身上帶有約百分之四十尼人媽媽的基因，也帶有約百分之四十丹尼索瓦人爸爸的基因。這等於說，她從父母那邊各遺傳到一套完整的染色體——她是尼人和丹尼索瓦人交配所生的第一代混血兒[26]。英國倫敦一位人口遺傳學家史果倫特（Pontus Skoglund）說，他很盼望可以見一見這個女子。「在那些基因組被定序過的人當中，她可能是最令人著迷的一個。」[27]

圖 2-1　西伯利亞阿爾泰山洞一個九萬年前十三歲少女的化石碎片，經全基因組排序，顯示她的媽媽是尼安德塔人，爸爸是丹尼索瓦人。

五、夏河出土的丹尼索瓦人化石

丹尼索瓦人是個頗為神祕的物種。他的出土化石極為零碎，只有一件手指骨碎片、兩顆孤立牙齒和一件牙齒斷塊，以及一件丹尼索瓦人和尼安德塔人的第一代混血兒骨骼碎片，且全部出土於俄羅斯西伯利亞阿爾泰山區的丹尼索瓦洞穴。我們對這物種知道得比較詳細，主要靠他的零碎化石所提供的全基因組數據。這有點像中國的元謀人，只有兩顆牙齒化石出土（但還沒有全基因組材料）。

不過，二〇一九年五月一日，英國《自然》期刊發表了一篇重要的研究報告，公布了半個丹尼索瓦人的下頜骨和兩個臼齒的化石，出土於青藏高原的甘肅夏河縣甘加盆地白石崖溶洞，最初是在一九八〇年被一位僧人發現[28]。這半個下頜骨和臼齒，終於可以讓我們一窺丹尼索瓦人的一點點樣貌。有位西班牙古人類學家說，丹尼索瓦人現在有了「笑容」[29]。（圖2-2）

這項研究發現，由陳發虎院士領銜的中科院與蘭州大學環境考古團隊以及好幾位西方專家共同合作完成，有幾個重要意義。

第一，丹人的化石，從前只在俄羅斯那個丹尼索瓦洞穴出土，但如今也在青藏高原地區被發現，顯示丹人的分布很廣，很可能散居整個東亞和東南亞，甚至大洋洲。這也表示，東亞地區當時的人口結構，遠比我們目前所知的更為複雜——可能有好幾個物種同時共存。從前某些在中國或東亞出土的化石，也有可能是丹人化石，但是沒有經過全基因組排序或最新的古蛋白質分析，被「誤判」為其他物種。例如，在臺灣澎湖水道海域打撈到的澎湖一號（又稱「澎湖原人」）下頜骨（圖2-3），「臺灣第一個古老型人屬」[30]，就有一些特徵類似這個夏河下頜骨，可能也是個丹尼索瓦人的化石。

第二，這個夏河人下頜骨化石，無法提取古DNA，無法做全基因組排序，但研究團隊成功萃取了他牙齒中的古蛋白質來作分析，可以證實他是丹人。這是第一個通過古蛋白分析確認身分的人族成員。東亞有不少化石，可能因氣候等因素，無法保存古DNA，但可能還可以萃取化石中的古蛋白來做分析。這種新方法，將來有望用於確認其他不明化石的身分。

古基因方法，一般只適用於五十萬年以下的化石。超過五十萬年，化石中的基因很可能就無法解讀。但古蛋白方法，卻可用於五十萬年以上的牙齒化石。例如，丹麥哥本哈根

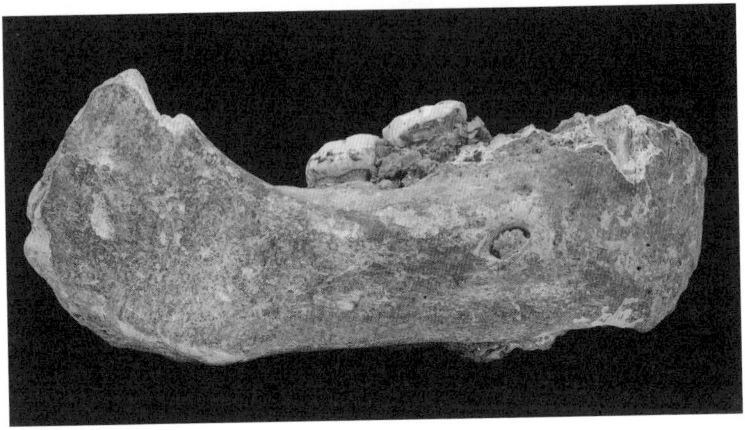

圖 2-2　夏河出土的丹尼索瓦人下頜骨化石。

圖 2-3　澎湖一號下頜骨。

大學的一支研究團隊，就成功利用古蛋白方法，分析了約八十萬年前一個先驅人（*Homo antecessor*）的牙齒化石，從而更確定，先驅人是現代智人、尼安德塔人和丹尼索瓦人共同祖先的近親[31]。

第三，經鈾系定年，夏河化石的年代為距今十六萬年，是在青藏高原發現的最古老人族成員化石。這表示丹人在十六萬年前，已抵達青藏高原，比我們先前所知，智人在大約四萬年前，才進入青藏高原，提早了約十二萬年。丹人這麼早抵達，意味著他們有許多時間，去成功適應高海拔的低氧環境，並且把這種適應能力（具體表現為一種基因突變），通過交配，遺傳給後來抵達青藏高原的智人[32]。這可以解釋，何以今天的藏族，普遍帶有這種源自丹人的突變基因 EPAS1，可以在低氧的環境下生活。

二〇一九年發表的這項研究，根據的只是夏河人化石的古蛋白分析，證據有些薄弱。二〇二〇年十月，陳院士團隊下的張東菊研究員又在《科學》期刊，發表了更進一步的研究結果，報告她們在白石崖溶洞，利用新興的沈積物DNA分析技術，在各地層裡面的古人類糞便等排泄物，成功獲取了大量丹尼索瓦人粒線體DNA，揭示丹人在晚更新世，廣泛分布在歐亞大陸東側，長期生活在青藏高原上，年代距今約十九萬至三萬年。

她在 YouTube 頻道《一席》的演講中說：「我們對白石崖溶洞遺址的研究，將人類占據青藏高原的最早時間，從距今四萬年推早至距今十九萬年，並證明最早在青藏高原上生活的，是丹尼索瓦人，而不是現代智人[33]。」

六、古人類學研究方法的日日新

丹人的發現過程及其研究方法，給我們最大的啟示和感嘆是，現今古人類學的研究，方法真是日日新。從前研究古人類學和人類演化史，只有出土化石可用，但現在，單靠出土化石，絕對不足夠。我們絕不可滿足於出土化石，而不理其他。以丹人為例，這個新的人類物種，最初並非在出土化石中發掘出來的，而是在古基因組中，被帕玻的研究團隊意外發現。二〇一九年，夏河下頜骨的研究，又在古蛋白分析下，取得了更多的研究成果。到了二〇二〇年，科研人員已普遍能夠從各地層泥土的古人類糞便中，提取他們的古DNA，而不必在化石中去找尋。除此之外，還有沒有更「新奇」的？

有，那就是DNA甲基化（DNA methylation）方法。甲基化是DNA化學修飾的一種形式，能夠在不改變DNA序列的前提下，改變遺傳表現。對非專家而言，這恐怕難以理解。簡單具體一點說，科研人員可以根據某一人類物種的基因甲基化模式分布圖，去推算這物種的身體解剖特徵。以丹人為例，他出土的化石非常稀少，只有一些碎骨和夏河那個下頜骨，如何重建他的臉部樣貌呢？好在丹人有全基因組數據，於是以色列希伯來大學的一支研究團隊，就利用這基因組的甲基化模式分布圖，重建了丹人的樣貌。團隊發現，丹人的頭顱比尼人或智人的更寬，他們的牙弓比較長，而且沒有下巴。丹人也長得很像尼人，骨盤寬大，前額低矮，下頜突出[34]。

問題是，根據這方法重建的解剖特徵，有多可靠？這支以色列的團隊，首先做了兩次試驗。他們把這方法用於兩種解剖結構已知的生物身上——尼安德塔人和黑猩猩。準確率達到約百分之八十五。然後，他們才用它來重建丹人的解剖結構。

研究歷時三年才完成。他們把研究報告投到美國知名的《細胞》（*Cell*）期刊。在等待審查結果期間，正好夏河那個下頜骨的研究報告公布了。於是，他們又用這方法，去「預測」丹人的下頜骨長什麼樣子。最令他們興奮的是，團隊的預測，跟出土的丹人下頜骨，幾乎完全吻合。至於中國出土的許昌人，過去已有中外學者懷疑，他很可能是個丹人。於是，這個以色列團隊，也把同樣的方法，用於許昌人，顯示許昌人是丹人。

這項成就，開啟了古人類學研究的另一新方向。正因為它把丹人從前謎一般的樣貌，如此真實地呈現在世人眼前，它也被美國的《科學》期刊，遴選為二〇一九年的十大科研突破之第二名[35]。

七、人類演化並非直線式的

過去的教科書，都喜歡把人類的演化，描述成單一直線式的。例如，最古老的是黑猩猩，演化為南猿，然後南猿演化為能人，能人再演化為直立人，直立人又演化為尼人，最後才到我們這種智人。換句話說，這是一種單一直線式（linear）的演化。

然而，現今的演化學者，參考其他物種的演化歷史，早已放棄了這種單一直線式演化的模式，認為人類的演化，跟其他生物的演化一樣，應當是「分枝式」的，像大樹的分枝一樣[36]。按照邁爾和他學生康恩的物種形成機制，一個物種如果沒有走到死巷，曾經分化，一般會分裂為兩個，甚至更多個物種，就像人和黑猩猩，是從同一個共祖分裂出來的一樣。以直立人來說，學界過去的「標準」說法是，直立人演化為智人。然而，帕玻等團隊所做的古基因組研究，卻顯示直立人很可能分裂成尼安德塔人、丹尼索瓦人和智人三個人類物種。這也符合邁爾和康恩的物種形成分裂說。

換句話說，在基因組研究的影響下，人類的演化歷史以及各物種之間的演化（遺傳）關係，變得越來越不能確定了。單一直線式的演化圖，固然早已被放棄，由分枝樹狀圖取代，後來又發展出分支系統（cladistic）圖。然而這些演化圖，在基因組時代，恐怕都不很可靠了。學界對各人類物種之間的演化關係，目前仍然存有種種爭論。因為這些都是化石種，古基因學家還沒有辦法從化石中取得他們的基因材料。沒有基因證據，就無法證明他們的演化關係，只能存疑。像現今的親子鑑定，若要法院接受為證據，就必須要有父子兩人的ＤＮＡ數據才行，不能光憑兒子的形態樣貌長得像父親，就說他們有父子關係。

目前還有另一個常見的做法，就是不再把人的化石種，以樹狀圖或支序分類圖來呈現其演化關係，只按照各化石種的大約生存年代，來排列其先後次序。例如，查德撒海爾人約活在七百二十萬到六百萬年前，成了最古老的人類物種，便排在第一位，餘此類推。倫敦國立自然歷史博物館的那張人類家族圖[35]，便按照這個方法製作。此圖沒有顯示各化石種之間的演化關係，比如說，沒有顯示直立人是從南猿演化而來，也沒有顯示尼人或智人是從什麼人類物種演化而來。它只列出各化石種的生存年代，然後按此年代排列人類物種。這是比較謹慎、可取的做法，因為各化石種的遺傳關係，其實仍有許多爭論，並不清楚，但各化石種的年代，基本上還可靠。本書附錄一〈人類物種一覽表〉，也按這辦法排列。

從這些化石的時代和形態看來，人的演化是一個從「像猿」慢慢演變為「像人」的過程。在我們這個基因組盛行的新時代，定序成本大幅滑落，定序機器越來越快速精良，各種定序數據紛紛發表，人類演化的歷史，反而變得越來越複雜了，遠非過去教科書所講得那麼簡單。我們需要考慮到從前忽略的種種因素，並耐心等待更多化石和古基因組證據的出現。

為了本書接下來的討論方便，我把至今發現的二十四個人類物種，分為三大類：（一）早期人族成員，包括查德撒海爾人（杜邁）、土根原初人（千禧人）和始祖地猿（阿爾迪）；（二）南猿屬，包括細小和粗壯南猿種，特別是阿法南猿露西；（三）人屬，主要以直立人為代表（特別是圖爾卡納少年），以及尼安德塔人和現代智人（見書末附錄一）。

註釋

1. Jean-Jacques Hublin, New fossils from Jebel Irhoud, Morocco and the pan-African origin of *Homo sapiens*. *Nature,* 546: 289-292 (8 June 2017); Ann Gibbons, World's oldest *Homo sapiens* fossils found in Morocco. *Science,* 7 June 2017 online.
2. 例如，James H. Mielke et al., *Human Biological Variation,* 2nd ed. Oxford University Press, 2010.
3. Craig D. Millar and David M. Lambert, Ancient ＤＮＡ: Towards a million-year-old genome. Nature, 499: 34-35 (4 July 2013); Ewen Callaway, The Neanderthal in the family. *Nature,* 507: 414-416 (27 March 2014).
4. Matthias Meyer et al., Nuclear DNA sequences from the Middle Pleistocene Sima de los Huesos hominins. *Nature,* 531: 504-507 (24 March 2016).
5. Love Dalén et al., Million-year-old DNA sheds light on the genomic history of mammoths. *Nature,* 591: 265-269 (17 Feb. 2021).
6. 美國 PBS-NOVA 電視台的紀錄片 *Dawn of Humanity,* directed by Graham Townsley, 2015。
7. Lee Burger and John Hawks, *Almost Human.* New York: National Geographic, 2017.
8. Michel Brunet et al., A new hominid from the Upper Miocene of Chad, Central Africa. *Nature,* 418: 145-151 (11 July 2002).
9. Milford H. Wolpoff et al., Sahelanthropus or 'Sahelpithecus'? *Nature,* 419: 581-582 (10 Oct. 2002).

10. 編註：近幾年來，發現智人在三十萬年前就已存活在北非，很可能是在十七到十八萬年前就走出非洲。

11. R. E. Green et al., A draft sequence of the Neandertal genome. *Science,* 328: 710-722 (2010).
12. K. Prüfer et al., The complete genome sequence of a Neanderthal from the Altai Mountains. *Nature,* 505: 43-49 (2014).
13. K. Prüfer et al., A high-coverage Neandertal genome from Vindija Cave in Croatia. *Science,* 358: 655-658 (3 Nov. 2017).
14. B. Vernot and J. M. Akey, Complex history of admixture between modern humans and Neandertals. *American Journal of Human Genetics,* 96: 448-453 (2015); Svante Pääbo, *Neanderthal Man: In Search of Lost Genomes.* New York: Basic Books, 2014.
15. Martin Kuhlwilm et al., Ancient gene flow from early modern humans into Eastern Neanderthals. *Nature,* 530: 429-433 (25 Feb. 2016).
16. Lu Chen and Joshua M. Akey et al., Identifying and interpreting apparent Neanderthal ancestry in African individuals. *Cell,* 180: P677-687 (20 Feb. 2020).
17. M. Meyer et al., A high-coverage genome sequence from an archaic Denisovan individual. *Science,* 338: 222-226 (2012).
18. David Reich et al., Denisova admixture and the first modern human dispersals into Southeast Asia and Oceania. *American Journal of Human Genetics,* 89: 516-28 (2011).

19. Emilia Huerta-Sánchez et al., Altitude adaptation in Tibetans caused by introgression of Denisovan-like DNA. *Nature,* 512: 194-197 (14 Aug. 2014).
20. Ann Gibbons, The species problem. *Science,* 331: 394 (28 Jan. 2011).
21. 例如，Daniel Lieberman, *The Story of the Human Body.* New York: Pantheon, 2013, p. 349. 但他沒有說明原因。
22. https://whyevolutionistrue.wordpress.com/2011/01/28/how-many-species-of-humans-were-contemporaries/.
23. Benjamin Vernot and Joshua M. Akey, Resurrecting surviving Neandertal lineages from modern human genomes. *Science,* 343: 1017-1021 (28 Feb. 2014); Sriram Sankararaman et al., The genomic landscape of Neanderthal ancestry in present-day humans. *Nature,* 507: 354-357 (20 March 2014).
24. 張明、付巧妹〈史前古人類之間的基因交流及對當今現代人的影響〉，《人類學學報》第三十七卷第二期，頁二〇六－二一八（二〇一八年五月）。
25. Hugo Zeberg and Svante Pääbo, The major genetic risk factor for severe COVID-19 is inherited from Neanderthals. *Nature,* 587: 610-612 (30 Sept. 2020).
26. Viviane Slon et al., The genome of the offspring of a Neanderthal mother and a Denisovan father. *Nature,* published online 22 August 2018.
27. Matthew Warren, First ancient-human hybrid. *Nature,* 560: 417-418 (23 Aug. 2018).
28. Fahu Chen, Dongju Zhang, and Jean-Jacques Hublin et al., A late Middle Pleistocene Denisovan

mandible from the Tibetan Plateau. *Nature,* 1 May 2019 online.

29. 夏河下頜骨照片見下址：http://m.thepaper.cn/kuaibao_detail.jsp?contid=3386614&from=kuaibao。（見下方 QR）

30. Chun-Hsiang Chang et al. The first archaic *Homo* from Taiwan. *Nature Communications*, 6: 6037 (2015). 附有澎湖原人下頜骨照片。

31. Frido Welker and Enrico Cappellini et al., The dental proteome of *Homo antecessor. Nature,* 580: 235-238 (1 April 2020).

32. 編註：丹尼索瓦人本來在西伯利亞就有 EPAS1 變種基因。

33. Zhang Dongju and Qiaomei Fu et al., Denisovan DNA in Late Pleistocene sediments from Baishiya Karst Cave on the Tibetan Plateau. *Science,* 370: 584-587 (30 Oct. 2020); 張東菊在 YouTube《一席》的演講〈青藏高原上的丹尼索瓦人〉：https://www.youtube.com/watch?v=u2Yk79_zSIg。

34. David Gokhman et al., Reconstructing Denisovan anatomy using DNA methylation maps. Cell, 179: P180-192 (19 Sept. 2019).

35. 此繪圖見於下列網頁：https://www.livescience.com/Denisovan-facial-reconstruction-dna-methylation.html。（見下方 QR）

36. 例如，美國華盛頓特區史密森尼學會博物館網站上的人類家族圖：http://humanorigins.si.edu/evidence/human-family-tree。

37. http://www.nhm.ac.uk/discover/the-origin-of-our-species.html.

第三章 最早的人族成員和雙足行走

——人最重要的標誌

我大女兒從深圳發了幾張她女兒晨鈺的照片給我看。原來我這個外孫女，如今十個月大了，正在學習站立起來走路。當時，我正緊張兮兮地撰寫本章，日日夜夜想著人類和其他動物最不相同的、最重要的一個差別——雙足行走。看了外孫女兩條小腿直立的照片，我不禁在想：晨鈺不正是個雙足行走的智人嘛！雙足行走這看似稀鬆平常的事，若從人類演化史上看，晨鈺的雙足行走，以及她的骨盆和下肢骨的形態構造，可一點都不簡單，因為那是經過六七百萬年的演化，才完成的。

如果要用最簡單的一句話，來描述人類的演化史，該怎麼說？最簡單的說法就是：人從最初「像猿」的階段，一步一步演化成「像人」的樣子。六七百萬年前，在最早期人類的階段，我們的祖先剛剛跟黑猩猩的祖先分手時，人長得有九分像猿，慢慢學會雙足走路，但走得不是太好。到了三四百萬年前，在南猿屬的時代，人雙腳直立，走得比較好，省力，但樣貌手腳等方面還是有七八分像猿。一直要到約兩百萬年前直立人的人屬階段，人才開始長得像人，有些「人樣」了。雙腳也走得幾乎跟現代人一樣好，終於跟猿劃清了界線。如此又經過了大約一百八十萬年的演化，到了二十到三十萬年前，像我們這種現代智人，才終於出現在地球上，並且在過去六萬年間，征服了整個世界，成了地表上最聰明、最有本領的物種。

一、四種最早的人族成員

一提到最早的人族成員，許多人可能會立刻想到那位著名的阿法南猿露西。她是一九七四年在非洲衣索比亞出土，保存了相當完整的骨骼，大約百分之四十，也是第一位被證實能夠雙足行走的早期人類。正因為這點，傳統教科書一提到雙足行走，就以露西來做例子。於是，她在古人類學界，數十年來出盡了風頭，無人能比。然而，露西活在三百二十萬年前，距離人和黑猩猩分手的六百萬年前，還有兩百八十萬年的一大段時間。這期間發生了什麼事？不知道，因為有很長的一段時間，一直沒有比露西更早、更完整的人族成員化石出土。大家也就一直以為，人類的歷史只有大約三百二十萬年。

幸好，從二〇〇〇年開始，終於有了至少三種比露西更早的人族成員化石被發現或被公布了，從此把露西的稱霸地位給推翻了。其中最古老的一種化石——查德撒海爾人杜邁，更把人類的歷史，上推到六七百萬年前，幾乎就跟人和黑猩猩分手的時間相同。更有意義的是，這三種化石，都顯示他們能夠雙足行走。從此人類以兩腿走路的歷史，也從露西的三百二十萬年前，上推到六七百萬年前了。

學界在討論人的雙足行走時，都有一個基本假設：人和黑猩猩的共祖是四足行走的。二〇〇〇年的一項研究，提出進一步的證據說：人是從一個四足行走的祖先演化而來[1]。因此，人的雙足行走，在人類演化歷史上，是一個重大的演變，一個嶄新的起點，值得大書特書。

（一）查德撒海爾人（杜邁）

二〇〇一年夏天，法國古生物學家布涅領導的探測隊，在非洲中部國家查德的北部，撒哈拉大沙漠以南的地方，發現了查德撒海爾人的化石，包括一個相當完整的頭骨，以及一些下頷骨和牙齒等。團隊以查德當地的語言，給他暱稱為杜邁（Toumaï），意即「生命的希望」[2]（圖3-1）。發現地點如今是一片沙漠，但在杜邁生存的時代，還是一片林地，靠近一個大湖。

杜邁生前住在開敞的林地，這點跟黑猩猩的祖先住在封閉的大森林，大不相同。這表示杜邁（或其祖先）曾經走出森林，來到林地生活，屬於人類系譜，跟黑猩猩分離。

杜邁化石的年代約六百萬到七百二十萬年前，跟近年基因組學家所測得的人類和黑猩猩分手的時代，非常接近。因此，發現者宣稱，這是人類系譜最古老的化石。但要成為人族成員的化石，首先必須證明，杜邁能夠兩腳直立行走，否則這有可能是黑猩猩或其他猿類的化石。

在杜邁之前，人族成員化石的出土地點，幾乎都在過去號稱為「人類搖籃」的東非大裂谷地區。但杜邁卻

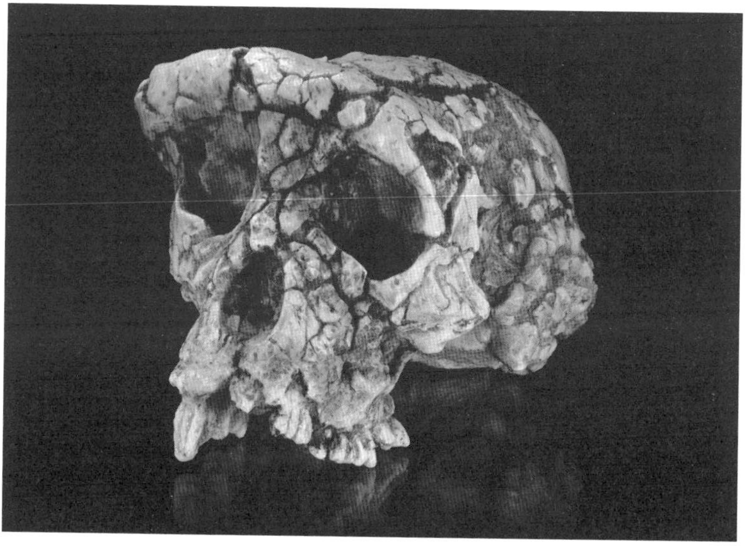

圖 3-1　查德撒海爾人杜邁出土的頭骨化石。

在非洲中部的查德被發現，離大裂谷有大約三千公里之遠，顯示古人類在非洲的分布，要比以往所理解的廣泛，也推翻了法國古生物學家庫朋（Yves Coppens）在一九九四年提出的那個風行一時的「東區故事」理論：八百萬年前，東非大裂谷的形成，造成人類和黑猩猩分隔兩地——人留在裂谷東邊，黑猩猩分隔在裂谷以西，各自演化，以致形成兩個物種[3]。杜邁被發現後，庫朋在二〇〇三年，自行宣判他的「東區故事」理論無效。

杜邁的頭骨，其枕骨大洞連接脊椎的地方，跟現代人一樣，偏向腦前方，而不像黑猩猩或其他四足行走的猿類那樣，偏向腦後方。單憑這一點，足以證明杜邁可以雙足直立。發現者和其他學者，也根據這點，宣稱杜邁是目前人類史上第一個雙足行走者[4]。

可惜的是，杜邁頭骨以下的骨骼，沒有被發現，以致無法判斷，他真正走路的姿勢如何。有學者就抓住這點，認為杜邁還不能說是雙足行走者，證據還不夠。此事直到二〇一八年初，還有一些後續的爭論風波[5]。不過，整體而言，學界目前主流的意見是：杜邁能夠雙足直立行走，但步伐可能很原始，不如後來的南猿那樣穩健。

（二）土根原初人（千禧人）

二〇〇一年，法國和肯亞的一支聯合探測隊宣布，他們二〇〇〇年在肯亞土根山脈四個地點，發現了十多個化石，分屬至少五個人，年代約六百萬年前，取名為土根原初人，暱稱千禧人（Millenium Man）。出土的股骨證實，千禧人在平地時能雙足行走（圖3-2）。他的肱骨（肩到肘之間的上臂骨）和彎曲的手指骨，則透露他善於爬樹[6]。化石出土地點顯示，千禧人生活在一個有樹木的林地，而非稀樹草原。

化石最初公布時，發現者馬丁・匹克福特（Martin Pickford）和瑞吉特・森努特（Brigitte Senut）宣稱，千禧人不但能雙足行走，而且他的牙齒很像人屬，股骨也比露西和其他南猿，更像現代人，所以千禧人才是人屬的直接祖先，南猿反而是絕種的側系。這引起學界的不少爭議。幾年後，發現者邀請第三方的專家來重新評估。他們測量了千禧人出土的股骨，再跟其他物種的股骨比較，證實他的確能夠雙足行走，但他股骨形態，不同於猿類或人屬，反而最像南猿屬[7]。

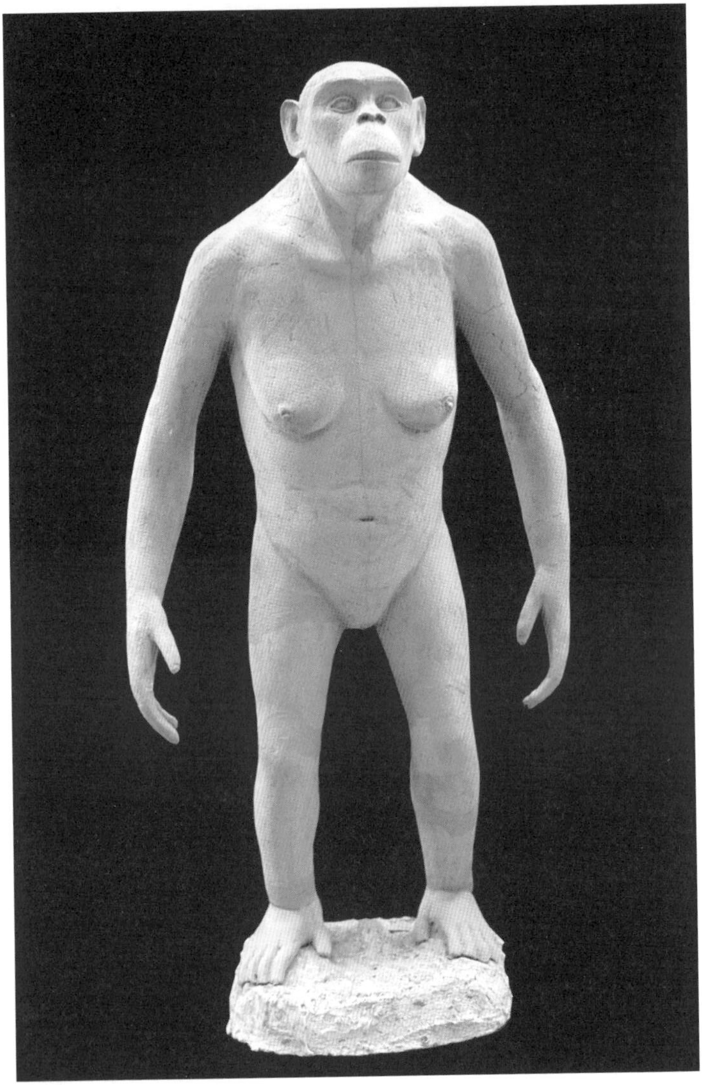

圖 3-2　土根原初人（千禧人）復原塑像。

（三）始祖地猿（阿爾迪）

始祖地猿（暱稱阿爾迪）的化石，早在一九九二到一九九四年間，就由美國加州柏克萊大學懷特的研究團隊，在衣索比亞發現，但最初只有一個簡報。詳細的研究報告，一直要到十五年後，才在二〇〇九年的《科學》期刊上公布。

杜邁有頭骨，千禧人有股骨和肱骨，但都沒有腳骨傳世，不容易重建他們行走的確實姿態。幸好，阿爾迪保存了相當多的下半身骨架，不但證實她能雙足行走，而且還讓我們可以一窺大約四百四十萬年前人類的行走方式[8]。

其中最特別的一個點是，阿爾迪的腳趾頭，跟現代人的很不一樣，是可以轉動的，好像今人的手拇指一樣，可以跟第二指合用抓東西（圖3-3）。這表示，她善於爬樹，可以用這種靈活的腳趾頭來抓住樹幹，幫助她往上爬[9]。這意味著，最早期的人類走出雨林，來到林地生活時，不一定就整天在平地上活動。他很可能花不少時間，棲息在樹上（特別是晚上睡覺時）以避開野獸的攻擊。善於爬樹的動物，前肢（手臂）都比較長，且強壯發達，手指骨特長而彎曲（像黑猩猩）。後肢（腿腳）則比較短，以雙足行走時，走得像猿類那樣，重心不夠穩定。

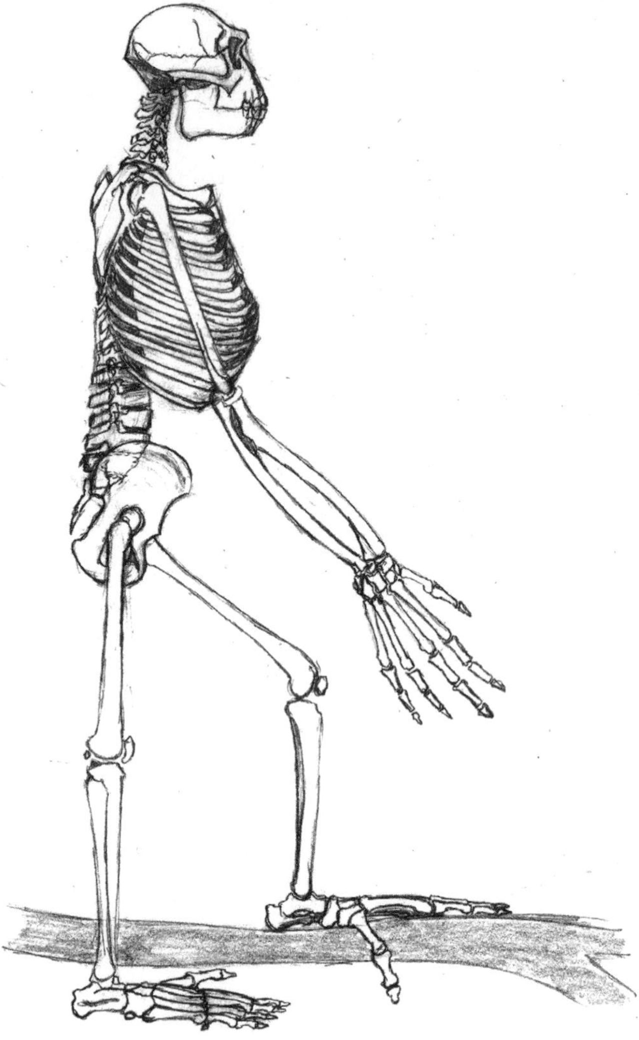

圖 3-3　阿爾迪的腳趾頭，為分岔式，像黑猩猩的，可抓緊樹枝爬樹。

（四）南猿湖畔種

二〇一六年二月，美國克里夫蘭自然歷史博物館的古人類學家塞拉西（Yohannes Haile-Selassie）領導的一支團隊，在衣索比亞發現了一個人族成員頭骨。經過三年的研究，報告終於在二〇一九年八月，發表在《自然》期刊上，首次讓世人見到一個三百八十萬年前的南猿屬湖畔種化石，比三百二十萬年前的露西，還早了約六十萬年[10]。頭骨屬於一個成年男性。團隊以出土地點 Miro Dora，將他命名為MRD，暫時未有像露西那樣好記的「俗稱」[11]。塞拉西出生在衣索比亞，曾經跟隨加州大學柏克萊分校的懷特教授（阿爾迪的發現者）從事古人類學研究，並取得博士學位。

這項發現有幾個重要意義。

第一，這個頭骨幾近完美，比露西的頭骨保存得更好，十分罕見，讓古人類學家可以第一次清楚看到湖畔種的頭部和面部特徵，填補了四百萬年前人類演化史的一大片空白。

第二，從前的論述，都認為露西所屬的南猿亞法種，是從南猿湖畔種直接演化而來。但塞拉西的團隊證明，這兩個物種曾經在該地區共存了超過十萬年，所以亞法種不可能源自湖畔種。這再次顯示，人類演化的歷史，往往比以往學者所推論的，更為複雜和多樣化。

第三，MRD生活的地點，位於一條河流和一個大湖邊，附近有林地。這再次透露，最早的人族成員，離開了大森林之後，並沒有立刻走向稀樹草原，而是在有水的林地，生活了數百萬年之久，最後才走向草原。

然而，MRD只有頭骨出土，頭骨以下的骨骼還沒有找到。研究團隊準備回到出土地點，繼續尋找其他骨骼化石。目前科研人員也還未探討他的雙足直立行走的能力如何。許多研究課題，也還有待展開。但人族成員演化到三百八十萬年前，應當已具備相當穩健的雙足行走能力，同時又善於爬樹，依然還住在樹上，一如後來的露西。

二、雙足行走的起源

雙足行走是人類跟黑猩猩分手後，演化出來的第一項本領。於是，它也就成了人最重要的標誌，是個「黃金標準」，可用來分辨何者為人族成員化石，何者為猿類化石。從前的古人類學家認為，人最重要的特徵是，人會製作工具（石器），但後來發現黑猩猩也會製作一些簡單工具，這個說法便不能成立了。至於其他特徵，如人有語言，人會「勞動」

等等，也都不如「人會雙足直立行走」那樣清楚明白，且可以在化石腿骨形態上得到證實。

世界上很少有動物以雙足行走。比較知名的有鳥類、鴕鳥和袋鼠。在哺乳類動物當中，只有人才慣常以雙足行走。黑猩猩若前肢拿東西時，偶爾也會以後肢雙足行走，但走得東歪西倒，像喝醉的人，只能走一小段路，不像人類那樣，可以輕鬆流暢地走或跑數公里。

人為什麼要演化出雙足行走？從前的說法是，這樣可以騰出雙手，使用工具或做其他事。可以站得高一點，看得遠一點，看看草叢前方是否有危險。站起來可以採集到低矮枝頭上的成熟果子。站著行走時，身體背部可以避免受到陽光太多的照射，降低體溫。甚至有學者說，可以用雙手捧食物送給女性，討她們的歡心，再跟她們交換性，生下更多的後代，有演化上的優勢[12]。

不過，研究人體的專家，哈佛大學的演化生物學家利伯曼（Daniel Lieberman）認為，以上這些都不是最重要的因素，有些也難以令人信服。他認為，人雙足行走，最關鍵的原因是為了節省能量，以便走更遠的路，去尋找更多的食物[13]。六百萬年前，非洲的雨林受到氣候變遷的影響而大量死亡消失時，人類的祖先也被迫離開雨林，走到林地來生活，並得適應一系列的新環境。比如，林地的樹木都比森林裡的低矮、疏落，間隔比較遠。林地的果子，也不如森林裡的那麼豐富和多樣化。他們得尋找替代食物，比如樹葉、幼枝和根莖類。在尋找新食物時，他們得從樹上爬下來，到平地和草叢中覓食，且須走一段路，到另一區去覓食。他們一天可能需要走上許多公里的路，才能找到足夠的食物。為了節省能量，走得更遠，找到更多食物，早期的人類祖先於是演化出雙足行走，替代人和黑猩猩共祖可能使用的四足行走。

二〇〇七年，有三位科學家研究了黑猩猩和人類行走時所需消耗的能量，發現人類的雙足行走，比起黑猩猩的行走方式（不論是雙足行走或四足行走），節省了約百分之七十五的能量[14]。能夠節省如此多的能量，這絕對具有生物演化上的優勢。所以，那些有本領雙足行走的最早期人類，將能採集到更多的食物，也將養活更多的後代，且能把他們這種特質，遺傳給下一代，以致後來的人類全都改用雙足行走了。

三、雙足行走的演化

過去一百年來，大約從一九二〇年代開始，有一個所謂的「稀樹草原假說」（Savanna

hypothesis），認為人和黑猩猩分離，走出森林，就來到稀樹草原生活，於是不得不演化出雙足直立行走。然而，這假說近年受到不少質疑和挑戰，主要有兩點。

第一，早期人類的生活環境，應當不是在稀樹草原，而是在樹木比較多的林地。至今發現的四種最古老人類——杜邁、千禧人、阿爾迪和南猿湖畔種ＭＲＤ，他們化石的出土地點，都在林地，有樹林、有水源。千禧人和阿爾迪也都善於爬樹，過著一種半樹棲、半平地的生活，顯示早期人類並非生活在稀樹草原。

第二，稀樹草原假說以為，雙足行走是在平地上演化出來的，是為了適應平地生活才應運而生的。但有學者認為，雙足行走恐怕有更悠遠的歷史，應當是巨猿們在樹上生活時，就演化出來的。人的雙足行走，並非起源於平地，而是源自樹棲生活。

二〇〇七年，英國幾位科學家，遠赴印度尼西亞的加里曼丹熱帶雨林，觀察紅毛猩猩的樹棲生活，時間長達一年。紅毛猩猩也是人類的近親之一，跟人的基因差別約百分之一點六。科研人員發現，紅毛猩猩在樹上生活時，經常以後肢行走在幼枝上，並以前肢抓著頭上方的樹枝，伸直膝蓋，立直身體，以採集樹枝末端不易以其他方式採到的水果。這給了科研人員一個啟示，雙足行走未必需要在平地上演化，其實早在樹上就演化了。因此，人的雙足行走，並非「創新」，而是「有效利用」了人的猿家族共祖早就具備的原始本領[15]。

關鍵的區別是：黑猩猩等巨猿類，牠們雖然也會雙足行走，或在樹上有此能力，但牠們並非「慣常」（habitual）如此行走，只是偶爾為之。然而，人卻是慣常雙足行走。從六百萬年前跟黑猩猩分家以後，在林地生活時，便不得不經常雙足行走，越走越流暢，以致到了約兩百萬年前的人屬時代，已演化出足弓等腳部特徵，可以走得更快、更穩，有別於黑猩猩偶一為之的行走姿態。

雖然杜邁、千禧人和阿爾迪，他們的化石上都具備明顯的特徵，可以證明他們能夠雙足直立行走，不過這三者的雙足行走方式，應當還是屬於比較原始的，還在演化當中，還沒有走得像後來人屬人種（如直立人）那樣流暢。但可以肯定的是，這三種最古的人種，他們雙足行走的方式，已經跟黑猩猩那種「彎膝扭臀」的走勢很不一樣，比較穩健，屬於一種「過渡」形式的雙足行走，介於黑猩猩和現代人之間[16]。

四、最早期人族成員的食物和雙足行走

三種最早期人類的生活環境，都是林地，遠離了較封閉的熱帶雨林，也就是共祖的原居地。這表示，他們無法再享有森林內常年都有的果子，如野生的無花果和棕櫚果。雖然林地也有果子，但變得稀少，有季節性。最早期的人類需要走更多的路，才能吃到果子和其他補充食物。這也是促使他們演化出雙足行走的一大原因。

可惜，杜邁的牙齒過於腐壞，目前還無法進行碳同位素研究，無從得知他吃些什麼。不過，從他棲息的環境，再參照其他早期人類的數據，可以推測他主要吃植物，包括葉子、果子、種子、根莖、堅果，偶爾吃昆蟲。

千禧人的臼齒圓、犬齒小，專家據此推論，他主要吃植物為生，包括葉子、果子、種子、根莖、堅果，偶爾也吃昆蟲。

至於阿爾迪，我們對她的環境和食物，知道得最多。科研人員從阿爾迪出土的地點周邊，找到十五萬件各種動植物化石，進而推論她「住在林地，攀爬樸樹、無花果樹和棕櫚樹，跟猴子、羚羊、孔雀共存。頭上有野鴿和鸚鵡飛翔。這些生物都喜歡林地，不是開放

的草原」。專家根據阿爾迪的牙齒，認為她比黑猩猩「更雜食」。她除了吃果子、堅果和地下根莖，偶爾也吃昆蟲、小型哺乳類動物或鳥蛋。牙齒的碳同位素研究顯示，阿爾迪大多數時候吃的植物，來自林地，而不是稀樹草原。雖然她可能也吃無花果或其他果子，但她沒有像今天的黑猩猩那樣，吃那麼多的果子[17]。

五、採集者，非狩獵者

數百萬年前，黑猩猩的祖先，如果有機會在森林和林地交界處，碰見杜邁、千禧人和阿爾迪（或他們的後代），見到他們慣常以兩腳走路，姿勢怪異，一定會嚇一跳，馬上意識到這三者跟自己是完全不同的物種，而快速閃開。

杜邁和千禧人，隔了約一百萬年。杜邁和阿爾迪，隔了約兩百六十萬年。然而，在這兩百六十萬年之間，人類的演化非常緩慢，沒有什麼太大的變化。以雙足行走、棲息環境和食物來說，這三種最早期的人類，看來大同小異——住在林地，過著半樹棲、半平地的生活，以他們剛演化出來的雙足行走步伐，每天走更遠的路，尋找食物，但大多為林地植物類，偶爾才有肉食。

他們這時只能說是採集者，還不能說是狩獵者。狩獵需要快速的奔跑。杜邁、千禧人和阿爾迪，看來只能慢步行走，不能快速奔跑。人類還需要繼續演化好幾百萬年，到了約兩百萬年前的人屬階段，才演化出直立人那種修長的腿、修長的身軀和比較短的手臂，才能跑得快、跑得持久，進而成為有效率的狩獵者。

註釋

1. Brian G. Richmond & David S. Strait, Evidence that humans evolved from a knuckle-walking ancestor. *Nature,* 404: 382-385 (23 March 2000).
2. 杜邁的頭骨和重建的頭像見下列網址：https://www.science.org/content/article/archeological-facelift。（見下方 QR）
3. Yves Coppens, East side story: the origin of humankind. *Scientific American,* 270 (5): 88-95 (May 1994).
4. Michel Brunet et al., A new hominid from the Upper Miocene of Chad, Central Africa. *Nature,* 418: 145-151 (11 July 2002).
5. Ewen Callaway, Femur findings remain a secret. *Nature,* 553: 391 (25 Jan. 2018).

6. 次股骨的照片，見下列網址：https://humanorigins.si.edu/evidence/human-fossils/species/orrorin-tugenensis。（見下方 QR）
7. Brian G. Richmond and William L. Jungers, *Orrorin tugenensis* femoral morphology and the evolution of hominin bipedalism. Science, 319: 1662-1665 (21 March 2008).
8. 見 *Science* 二〇〇九年十月二日的始祖地猿專輯。
9. 阿爾迪腳趾頭的照片，見下列網址：https://www.science.org/doi/10.1126/science.326.5960.1598-a。（見下方 QR）
10. Yohannes Haile-Selassie et al., A 3.8-million-year-old hominin cranium from Woranso-Mille, Ethiopia. *Nature,* 573: 214-219 (28 Aug. 2019)。
11. MRD頭骨的照片，見於下列網址：https://www.cmnh.org/mrd。（見下方 QR）
12. C. O. Lovejoy, Reexamining human origins in the light of *Ardipithecus ramidus*. *Science,* 326: 74 (2009).
13. Daniel Lieberman, *The Story of the Human Body,* pp. 44-45.
14. M. D. Sockol, D. A. Raichlen, and H. D. Pontzer, Chimpanzee locomotor energetics and the origin of human bipedalism. *Proceedings of the National Academy of Sciences,* 104: 12265-69 (2007).
15. S. K. S. Thorpe, R. L. Holder, and R. H. Crompton, Origin of human bipedalism as an adaptation for locomotion on flexible branches. *Science,* 316: 1328-31 (2007).
16. Daniel Lieberman, *The Story of the Human Body,* pp. 37-40.
17. Ann Gibbons, Habitat for humanity. *Science,* 326: 40 (2 Oct. 2009).

第四章 南猿

——像猿多過於像人

數十年前，我第一次在人類演化史的著作中，見到「南猿」（或「南方古猿」）這個詞，覺得好奇怪。如果南猿屬於猿類，那牠又怎麼會放在人類演化史中來論述？如果南猿屬早期人類，那他怎麼又會是個「猿」？相信許多人也有類似的疑惑。希望讀完本章後，大家會有比較清晰的認識。

一、史上最有名的南猿——露西

人類演化到三四百萬年前時，非洲大地上出現了一種新的人族成員——南猿屬（*Australopithecus*）。南猿屬下約有十個物種，但最有名、最為大家熟悉的，莫過於阿法南猿了。史上最有名的一個阿法南猿，無疑就是那位出盡風頭的露西（圖4-1），活在約三百二十萬年前。

露西是在一九七四年，在非洲東部的衣索比亞阿法地區，被美國古人類學家喬翰森（Donald Johansson）發現。她被發現的那個晚上，喬翰森的團隊狂歡飲酒慶祝，不斷播放英國樂團披頭四一九六七年的流行歌曲〈露西在綴滿鑽石的天空中〉（Lucy in the Sky

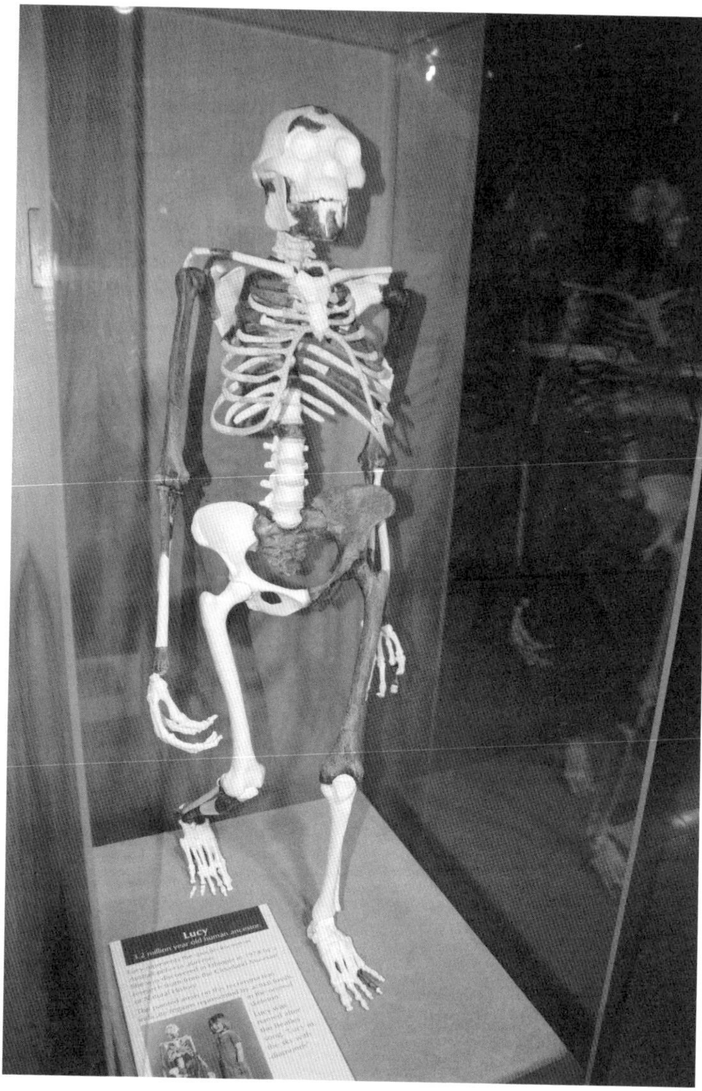

圖 4-1　根據露西出土的化石重建的骨架。

with Diamonds），於是把新發現的化石暱稱為「露西」。她發現的地點，離南非約有五千公里之遙，並不在非洲南方。那為什麼她會被稱為「南猿」呢？

原來，南猿這個屬，是在一九二五年由南非解剖學家雷蒙德．達特（Raymond Dart）所命名。當時，南非湯恩（Taung）一個礦坑發現了一個化石，經達特鑑定為古人族成員，為他取學名南猿屬非洲種（*Australopithecus africanus*），暱稱「湯恩幼兒」。*Austral-* 源自拉丁文，意思是「南方」，如澳大利亞位於地球南方，英文就稱之為 Australia，意為「南方的」。*Pithecus* 源出希臘文，意思是猿，並沒有「古」的含意。有些中文教科書譯為「南方古猿」，不夠精確，有「加油添醋」之嫌。因為達特的這個命名，從此凡是形態類似湯恩幼兒的人族成員化石，都歸入南猿屬。南猿的分布很廣，從東非、中非查德到南非都曾出土化石，所以南猿不一定住南方。

從南猿屬這命名可知，古人類學家都把露西這類南猿，看成是「比較像猿的人類」。從人類演化史上看，這是正確的。為什麼說露西是「人」？因為她會雙足行走，已經跟黑猩猩那個系譜分離了。她屬於人類系譜，屬人族成員，符合「人」最重要的一條定義。但為什麼又說她是「猿」呢？因為她除了雙足行走外，她的頭骨、臉部和肢體各方面，仍長得像猿，仍在演化中，還沒有演化成我們這種現代智「人」的樣子（圖4-2）。

圖 4-2　露西的復原塑像，樣貌仍然比較像猿。

人和黑猩猩的祖先在六百萬年前分手之後，最主要的演變，在於雙足行走，以便更有效率地在非洲林地的生態環境中尋找食物，求生存。然而，雙足行走並非在一夕之間可以完成，而是一個漫長的、漸進式的演化過程，牽涉到骨盆和上下肢骨骼的分段式演化，需要數百萬年的時間才能完成[1]。比起最早期六百萬年前的人類祖先（如杜邁），露西晚了約兩百八十萬年，但她的雙足行走，依然還在演化當中，還沒有完成。

如果說今天我們智人的雙足行走已演化完成，到了最完美的境地，可得一百分，那麼從六百萬到四百四十萬年前，最早期的三種人類祖先（杜邁、千禧人和阿爾迪）的兩腿走路方式，受限於身體結構，走得緩慢而原始，恐怕只能打五十分左右。到了三四百萬年前的南猿階段，那時露西已走得比較好，比最早期的人類省力，但又不如現代人那樣好，且步伐短，走不夠快，可打七十五分左右。一直要到人屬直立人的階段（約兩百萬年前起），人類才可以說達到了真正完善的雙腳直立走路，甚至可以奔跑了，可打九十以上的高分。

正因為雙足行走在人類演化史上，是如此重要，露西最初被發現時，研究團隊的第一要務，就是評估她是否能用兩腿走路。他們研究了她的骨盆和下肢骨等，結論是露西的這些骨骼，比較像人，不像黑猩猩的，她毫無疑問可以用兩腿走路。研究團隊便根據這點以及她骨骼的其他形態特徵，把她歸類於人類系譜的南猿屬[2]。

二、人類在樹上生活了大約四百萬年

最早期的人類祖先有一個特徵——他們不但能雙足行走，而且還很善於爬樹，喜歡過著半平地、半樹棲的生活。晚上，他們睡在樹上，就像今天的黑猩猩和其他猿類一樣。到了白天，他們很可能有許多時候仍棲息在樹上，以逃避其他獵食者的攻擊，或在樹上採集果子。只有在必要時，他們才爬下樹，走到地面上覓食，或走到另一區域的樹林去覓食或休息。

最有力的證據，就是阿爾迪那個分岔式的，像大拇指般對生的腳趾頭。黑猩猩和其他巨猿，都有這樣的腳趾頭，非常適用於爬樹，可抓緊樹枝，故且稱之為「爬樹專用的腳趾頭」。阿爾迪活在四百四十萬年前。在他之前的杜邁和千禧人，應當都有這種腳趾頭。在阿爾迪之後的七十三萬年，這種腳趾頭又出現在三百六十七萬年前的普羅米修斯南猿

（*Australopithecus prometheus*）右腳上[3]（圖4-3），比露西早了約四十七萬年，顯示比露西稍早的人族成員，很可能都有這樣的腳趾頭，仰賴樹棲生活。二〇〇五年，科研人員在衣索比亞找到八個腳骨化石，其右腳趾也正是這種爬樹專用的，年代為三百四十萬年前[4]，顯示人類在阿爾迪之後的一百萬年，還在爬樹，過著樹棲生活。

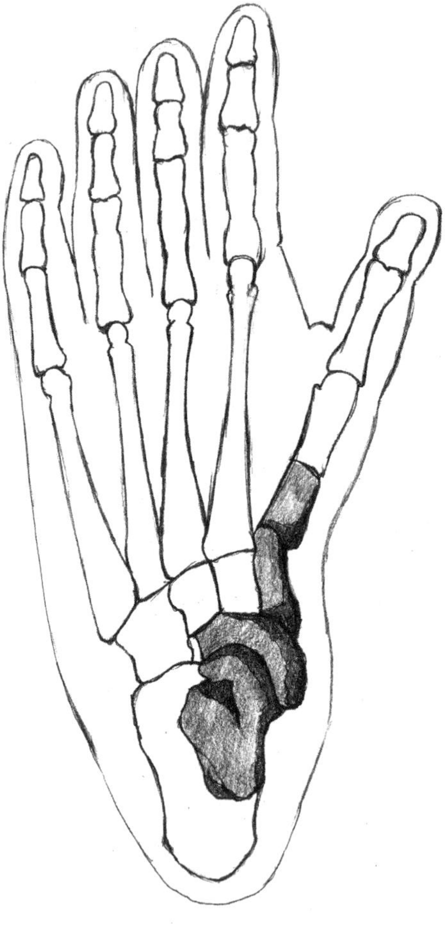

圖 4-3　普羅米修斯南猿腳上的分岔式腳趾頭。

那麼，活在三百二十萬年前的露西，有沒有這種「爬樹專用的腳趾頭」？很可惜，露西出土的骨骼，雖然有百分之四十完整，但缺了腳骨。我們不知道她的腳趾頭長什麼樣子。

然而，二〇一六年的一項最新研究揭露，露西的上臂骨骼非常強壯，跟黑猩猩一樣，顯示她經常在爬樹，有許多時間待在樹上，才能形成那樣厚壯的上臂骨。至於她的下肢骨骼，證明她能雙足行走，但走姿和現代人略有差別，重心側向一邊，應當走得比現代人吃力，需要花費更多的能量[5]。

因此，古人類學家推論，露西這一類的南猿，應該還是有許多時間棲息在樹上，特別是在晚上。一直要到兩百萬年前，人類進入到人屬的時代，才完全脫離樹棲，走出林地，走向稀樹草原，過平地生活。從六百萬年前和黑猩猩分手算起，到兩百萬年前走出林地，人類的老祖先在樹上生活了大約四百萬年。

露西是怎樣死的？二〇一六年發表的一項研究認為，露西可能是從高樹上摔下來跌死的。美國德州大學奧斯汀分校的一個研究團隊，重新為她的骨骼做了高清的CT掃描，發現她有多處骨折，像是從高樹上摔下所造成的，進而推論她是跌死的[6]。她從樹上摔下跌死，也間接證明她有許多時間是樹棲的。不過，露西的發現者喬翰森，以及美國加州大學柏克萊分校的古人類學家懷特，在接受英國《衛報》的訪問時，都不同意這項研究結論，認為化石中的骨折很常見，可能有種種成因，未必是因為從高樹上摔下[7]。

二〇〇八年在南非出土的源泉南猿，腳骨相當完整，但沒有那種分岔式的腳趾頭。然而，他的手臂比腿長，手骨長且略微彎曲，顯示他仍在爬樹[8]。

這個案例意味著，南猿即使沒有分岔式腳趾頭，也善於爬樹，但爬樹本領和樹棲時間，可能有程度上的差別。

第一，如果有分岔式腳趾頭，表示他大部分時間都在樹上，只有在必要時才爬下樹到地面上活動。這種腳趾頭也表示，他若在平地上雙足行走，可能比較吃力，比較消耗能量，走不遠。

第二，如果分岔式腳趾頭已退化消失，表示他在樹上的時間越來越少。比如說，可能只有在晚上才爬樹睡覺，其他時間在平地活動。腳趾頭的退化，也使得他在地面上的雙足行走，更省力，走得更順暢。

雙足行走常常被形容為人類演化過程中的一大成就，但這也導致我們今人不善於爬樹了。我們是否會懷念從前樹棲的日子呢？想想看，在遠古的非洲大地上，即使我們的祖先學會了以兩腿走路以後，他們仍然能夠敏捷地爬到樹上，長達數百萬年之久[9]。

三、三百六十六萬年前的腳印

三百六十六萬年前的某一天，在非洲坦尚尼亞的萊托里（Laetoli），有一座火山爆發，噴出大量火山灰。接著，下了一場雨，把地面上的火山灰融化成水泥一樣的泥地。有一男一女，帶著一個小孩，不知何故走過這段泥地，留下了約七十個他們的腳印，整段長度約二十七公尺。腳印曬乾之後，火山再次噴發，火山灰把腳印覆蓋了約二十公分，從此在地下沉睡了數百萬年之久（圖4-4）。

一直到三百六十六萬年後的一九七六年，古生

圖 4-4　萊托里腳印約在三百六十六萬年前。圖為日本東京國家自然科學博物館的複製品。

物學家瑪麗・李奇（Mary Leakey）才無意中發現了這些足印，並且在一九七八年把它們全部發掘清理，製作模型，然後就地掩埋。這便是人類演化史上赫赫有名的「萊托里腳印」，毫無疑問地證明了，三百六十六萬年前留下這些足印的古人族成員（極可能是阿法南猿），已經能夠雙足立走，而且有腳印為證。

萊托里腳印有三點很值得注意。第一，腳印上的拇趾，和現代人一樣，是跟另四個腳趾並排，不可扭轉；不像最早期人類（如阿爾迪）的拇趾那樣長，且可跟其他四個腳趾分岔，可扭轉，可抓緊樹枝，非常適用於爬樹。然而，這並不表示，南猿已不再爬樹，不再過樹棲生活。這只能說，萊托里腳印的主人，可能沒有像其他更早期的人類那樣依賴樹木的庇護。人類要到人屬直立人的階段，才告別樹棲。

第二，腳印的中部顯示其主人有足弓。這表示，他跟現代人一樣，每走一步，最先是以腳跟著地，再以中間的足弓和腳趾向前推，往前踏進一步。

第三，萊托里腳印每步之間的距離比較短，顯示南猿的腿仍跟黑猩猩的一樣短，不像現代人的腿那樣修長。

換句話說，南猿不但可以雙足行走，而且步伐像現代人，但又不完全相同。他的腿短，表示他的步伐短，走不快，恐怕無法像現代人那樣，以修長的長腿來持續長跑。

萊托里腳印被發現後，過去三十多年來發表的論文，超過五十篇，但最詳細且最有新意的，是在二〇一六年發表的那篇，由德國馬普演化人類學研究所的哈達拉（Kelvin Hatala）及其團隊完成[10]。他們以實驗的方式，把萊托里腳印拿來跟現代人及黑猩猩的腳印相比，得出的結論是：這三者在形態上並不相同。萊托里人雙腿走路時，其腳跟落地時，他的肢體姿勢很可能比較彎曲，跟現代人伸直膝蓋的方式，有微小的差別，但意義重大。這顯示，在過去三百六十六萬年，人類雙足行走的演化，有過一些重要的變化。雙足行走可以有好幾種不同的走法，並無一套統一的標準。不同的南猿種，可能會演化出稍微不同的肢體結構，於是產生稍微不同的步伐。

二〇一五年，萊托里地區又發現了一批新的腳印——兩個人走過一片火山灰泥地所留下的腳印，年代同樣為三百六十六萬年前[11]。但這次科研人員的重點發現是，這些腳印證明，南猿的男女身體大小，有顯著的差異（男人比女人大很多，類似雄性大猩猩的身體，比雌性大猩猩的大很多）。

四、南猿像牛羚般吃草

南猿分兩大類：細小南猿（gracile Australopith）和粗壯南猿（robust Australopith）。所謂兩者的特徵是：他們的牙齒，特別是臼齒，都大過現代人的，也大過最早期的人類。所謂粗壯南猿和細小南猿，差別主要在於，粗壯南猿的牙齒、頜部和臉部，又比細小南猿的大。因為牙齒大，他們的頜骨和頰骨也跟著變大。

古人類學家根據南猿的牙齒，推測他們的食物不同於最早期的人類。以阿爾迪為例，她的臼齒、門牙和犬齒，都沒有像南猿那樣粗大，顯示她吃的是比較軟的果子、嫩葉和幼枝等。到了南猿時代，非洲的氣候變得更乾旱，雨量減少，雨林進一步萎縮，林地和稀樹草原越來越廣泛出現，林地的果子越來越少，南猿不得不改吃其他食物。

在上世紀七八十年代，古人類學家只能根據南猿出土的牙齒形態和磨損跡象，來推測他們的食物越來越粗糙、多纖維，且多吃堅果類的硬物，需要更大的臼齒來研磨。但從一九九〇年代開始，科研人員發現，可以從牙齒的牙釉質（琺瑯質）中鑽取一小部分樣本，做碳同位素化驗，從而知道牙齒的主人吃哪一類的食物。但出土的人類化石都很珍貴。收藏牙齒化石的博物館，都不願意讓科研人員用鑽子去抽取牙齒化石的樣本，以免破壞了化石。直到二〇一〇年左右，鑽取技術有所改進，只需鑽取極少量的樣本，就可以做碳同位素分析，於是肯亞和剛果的幾個博物館，才終於同意讓美國的一個研究團隊，鑽取了一百多顆牙齒化石的樣本。研究結果分成四篇論文，發表在二〇一三年六月的美國《國家科學院院刊》上[12]，外加一篇評論[13]。

這些研究證實了古人類學家從前的猜測——南猿非常雜食，食物種類多樣化，主要分為兩種：Ｃ３和Ｃ４植物。所謂Ｃ３植物，指來自樹木、矮叢林、灌木林的食物，如樹葉、果子、幼枝等等，也就是那些生長在林地的植物。這些植物在光合作用過程中，使用了所謂Ｃ３途徑的光合法，在生物學上被稱為Ｃ３植物。

Ｃ４植物指草本以及一些禾本植物，如玉黍蜀、甘蔗、高粱等等，多生長在炎熱地區，如稀樹草原上，以Ｃ４途徑進行光合作用，所以稱為Ｃ４植物。非洲大地原本被雨林覆蓋著，在六七百萬年前的氣候變遷中，變得乾旱，雨量減少後，雨林慢慢萎縮，轉變成稀樹草原，於是也產生了Ｃ４植物，以及一批靠Ｃ４植物生存的草食類動物，如牛羚和斑馬等等。

人類的近親黑猩猩，住在雨林內，食物幾乎全屬C3型。但二〇一三年的這四項研究發現，南猿的食物，越來越傾向C4類，只有南猿屬中最古老的湖畔種（四百二十到三百九十萬年前），很少吃C4食物。跟他時代接近的阿爾迪（四百四十萬年前）和現代黑猩猩一樣，主要依賴C3食物，即使他們棲居地附近有C4食物，也不吃。

然而，肯亞扁平人（三百五十到三百二十萬年前）、衣索比亞種南猿（兩百七十到兩百三十萬年前），以及阿法南猿（三百九十到三百萬年前），都吃相當大量的C4食物。其中有四個阿法南猿個體，吃了超過百分之五十的C4食物。包氏種（兩百三十到一百三十萬年前）吃的食物，甚至高達百分之七十五來自C4。整個看來，生存時代越晚的南猿，所吃的C4食物就越多。但二〇〇八年在南非發現的源泉南猿，卻又不吃C4食物，跟現代黑猩猩一樣，專吃C3食物，可能跟當地的生態環境有關。

這些牙齒研究結果有何意義？

第一，這顯示，南猿的生活場域，介於林地和稀樹草原之間。他們除了在林地活動，也常在稀樹草原覓食。草原上的C4植物，或吃了這些C4植物的草原角蹄類動物（如斑馬）的屍體和骨髓等，也成了南猿的食物來源之一。

第二，南猿和後來的早期人屬，懂得食用Ｃ４食物，跟人類最親近的黑猩猩只吃Ｃ３食物，截然不同，顯示人類發展出新的演化求生本領，擴大了他們的食物種類，才能在非洲當時乾旱天氣的新生態環境中生存，持續繁衍，否則就會滅絕。

第三，早期的人屬物種，如能人（*Homo habilis*）的食物，更多為Ｃ４型，高達百分之六十五，顯示人屬更常在稀樹草原活動，甚至脫離了林地和樹棲，完全過著平地上的兩足行走生活了。

第四，這意味著，我們人類的祖先，在南猿屬的時代，曾經像斑馬和牛羚那樣，在草原上靠吃「草」為生。難怪南猿會演化出那麼粗大的臼齒和臉頰，因為吃「草」的動物，必須要有粗大的臼齒和粗厚的琺瑯質，才能把草本食物的粗纖維細細磨碎。我們今人的臼齒，仍保存這個演化痕跡。

第五，這些研究結果又重新激活了那個著名的稀樹草原假說（人的雙足行走，是在草原上演化的）。從二〇〇〇年到二〇〇九年左右，因為三種最早期人類的化石（杜邁、千禧人和阿爾迪），都是在林地被發現，且在林地演化他們的雙足行走，並非在稀樹草原，以致草原假說受到了質疑和挑戰。現在，科研人員發現南猿及其後的人族成員，又的確依賴草原上的Ｃ４植物生存，這個草原假說近年來又重新受到重視了[14]。

這個草原假說，或可修正為：人類的祖先，在最初的數百萬年前，棲息在林地，在林地演化，主要吃林地的Ｃ３食物，但從大約兩百萬年前起，才轉移到稀樹草原生活，以Ｃ４食物為生，並繼續在草原上完成雙足行走的演化。

五、南猿的肉食和石器的發明

Ｃ３和Ｃ４食物，主要為植物，但也可以包括肉類。比如，在草原上吃Ｃ４草本植物的牛羚，如果死了，牠的屍肉被南猿吃了，則南猿牙齒中的琺瑯質，也會累積Ｃ４植物的證據。但牙齒的碳同位素研究，無法分辨Ｃ４食物是植物，抑或是動物。我們無法精確知道，南猿究竟吃了多少比重的植物或動物。

科研人員一般根據黑猩猩的食物，大多為植物，偶爾才吃鳥蛋、白蟻、猴子和其他小型哺乳類動物，進而推論南猿的食物，應當也以植物為主，偶爾也才有肉食。南猿跟最早期的人類祖先一樣，還停留在採集的階段，還沒有足夠的條件去狩獵，但南猿跟禿鷹和野狐一樣，會「撿屍」——撿食草原上獅子和老虎獵殺吃飽後，所殘留下來的牛羚或羚羊等動物的屍肉和骨髓。

要充分享用這些肉類，南猿得有某種尖銳的切割和敲擊石器才行。但人類是在什麼時候發明石器？傳統教科書說是在兩百六十萬年前，由能人製作了在東非衣索比亞奧杜威（Olduvai）峽谷所發現的奧杜威型（第一模式）石器[15]（圖4-5）。那時非洲東部的阿法南猿和大部分其他南猿種，都已經滅絕了。這是否意味著，人類要到約兩百五十萬年前，石器發明之後，才能享受到比較多的肉食？

圖 4-5　奧杜威型（第一模式）石器。

答案應當是否定的。事實上，在奧杜威型石器發明之前，人類應當就懂得製作木器，比如用樹枝來做成丟擲器或挖掘工具等。用斷裂的尖銳枝幹，做成切割器，恐怕比石器更容易製作，且更輕便好用。今天的黑猩猩，也懂得製作一些簡單的木器工具，比如以適當的小樹枝，伸入白蟻的洞穴，勾取白蟻來吃。只可惜，木器很容易腐朽，無法像石器那樣可以長遠保存在出土遺址現場，常為學者所忽略。由此推論，南猿或甚至更早期的人類，應當都曾經製作這類木器，用來切割肉食，或用來挖掘地下根莖類食物，如地瓜和芋頭等。

二〇一〇年發表的一項研究，終於揭露了阿法南猿曾經早在三百三十九萬年前，就在衣索比亞的迪基卡（Dikika）地區，使用石器來享用肉類，時代比奧杜威型石器的發明，早了約八十萬年[16]。在這項研究中，科研人員其實並沒有真正找到這麼早的石器，而是發現了一批三百四十二萬到三百二十四萬年前的動物骨頭，上面有用石器刮削取肉的痕跡，以及用石器敲擊骨頭以取出骨髓的裂痕，從而推論那時的阿法南猿，已發明了石器。

這項二〇一〇年的研究，因為沒有真正找到出土的石器，只發現石器刮削和敲擊骨頭的痕跡，證據稍嫌不足。不過，到了二〇一五年，美國紐約州立大學石溪分校的一個研究團隊，終於在肯亞圖爾卡納地區，找到一個三百三十萬年前的石器製作遺址。從出土的石器看來，當時的南猿已掌握了石器製作的敲擊和修飾原理，足以證明人類早在南猿時代的三百三十萬年前，就發明了石器，不必等到兩百六十萬年前的能人時代。鑑於這項發現的重要性，科研人員稱之為「洛姆奎」型（Lomekwian）石器，比奧杜威型石器早了約七十萬年[17]。

六、仍然像猿多過於像人

如果你今天在操場上見到露西這一類的南猿走過來，一定會嚇好大一跳，不會認為她是人，反而覺得她更像是猿。露西唯一像人的一點，就是她會雙足直立行走，走得還算流暢，比起黑猩猩偶爾的雙足行走，好太多了。也正因為露西可以用雙足來走路，所以古人類學家才把她劃歸到人類系譜，把她視為人類的祖先，而不是把她放在黑猩猩的系譜。

然而，除了雙足行走這點外，露西在許多方面，的確還很像猿。

第一，露西這種南猿的身高，女性約為一百零五公分，男性約一百五十一公分。體重則女性二十九公斤，男性四十二公斤，在現代人看來，都偏矮偏小了一些，有點像發育不良。但這是最早的人族成員和南猿的典型體型。人一直要到兩百萬前的人屬階段，身高和體重才有所增加，才接近現代人的樣子。

第二，露西全身都是毛髮，加上她的身型矮小，整個看起來更像是猿。人的毛髮，要到人屬階段，才開始脫落消失。

第三，露西的腦很小，腦容量只有約五百毫升，只比黑猩猩的稍大一些，跟現代人約一千五百毫升的大腦比起來，只有約三分之一。人的腦容量，也是要到人屬階段才開始增大。

達爾文曾經推論，人腦的擴大、雙足行走以及石器的使用，是同時演化而成的。但露西的發現，推翻了這種推論。露西的腦容量那麼小，卻已經可以雙足行走了，直到約一百萬年後，人腦才開始增大，人才學會製作石器。

第四，露西的臉部，鼻子是塌陷的，口吻部非常突出，這些都很像是猿類的，不像現代人挺起的鼻子和平坦的臉部。

第五，露西的肋骨架，還是錐形，像猿類，不像現代人的圓桶形。這種肋骨架，表示露西的腸道大，因為她跟猿類一樣，主要吃植物，需要大的腸道來消化。人到了人屬階段，主要食物多了肉類，腸道變小（見第五章），肋骨架也演化為比較小的圓桶形。

第六，露西的手比腳長，跟猿的身體比例類似。人到了人屬階段，手臂變短，或許因為不必再爬樹了；下肢變長，為了走得更流暢，跑得更快。

換句話說，人在南猿屬的階段，仍然有七八分像猿，仍然需要繼續演化，才能在人屬的階段，慢慢長得越來越像我們這種現代人。所以，你若在現代操場見到露西，會認為她是猿，一點也不奇怪。但露西可是個具有「人類潛能」的猿，因為她已經學會了雙足行走。只要再給她一點時間（約一百萬年），露西會把她的毛髮落盡，頭腦變大，手臂變短，下肢變長，身型變大，臉部變平，那時她就會長得比較像今天的人了，你就不會再誤以為她是猿了。

註釋

1. W. E. Harcourt-Smith and L. C. Aiello, Fossils, feet and the evolution of human bipedal locomotion. *Journal of Anatomy*, 204: 403-416 (May 2004).

2. Donald C. Johanson and M. E. Edey, *Lucy: The Beginnings of Humankind.* New York: Simon and Schuster, 1981.
3. 普羅米修斯南猿是由南非古人類學家克拉克（Ronald Clarke）在一九九四年發現，但由於化石深埋在南非一個洞穴的堅硬岩石中，挖掘和清理工作長達二十多年，一直到二〇一七年底才公開展示。不過，克拉克在一九九五年，就對這個南猿的腳骨及其分岔式腳趾頭作了描述，見 Ronald J. Clarke and Phillip V. Tobias, Sterkfontein Member 2 foot bones of the oldest South African hominid. *Science,* 269: 521-524 (28 July 1995). 附有這分岔式腳趾頭的圖片。
4. Yohannes Haile-Selassie et al., A new hominin foot from Ethiopia shows multiple Pliocene bipedal adaptations. *Nature*, 483: 565-569 (29 March 2012).
5. Christopher B. Ruff et al., Limb bone structural proportions and locomotor behavior in A.L. 288-1 ("Lucy"). *Public Library of Science PLoS* ONE, 11 (11): e0166095 (30 Nov. 2016).
6. John Kappelman et al., Perimortem fractures in Lucy suggest mortality from fall out of tall tree. *Nature*, 537: 503-507 (22 Sept. 2016).
7. Ian Sample, Family tree fall: human ancestor Lucy died in arboreal accident, say scientists. *The Guardian* (29 August 2016).
8. J. M. DeSilva et al., The lower limb and walking mechanics of *Australopithecus sediba. Science,* 340: 1232999 (12 April 2013).
9. Daniel Lieberman, Human evolution: Those feet in ancient times. *Nature,* 483: 550-551 (29 March

2012).

10. Kevin G. Hatala, Brigitte Demes, and Brian G. Richmond, Laetoli footprints reveal bipedal gait biomechanics different from those of modern humans and chimpanzees. *Proceedings of the Royal Society B: Biological Sciences,* 283: 20160235 (Aug. 17, 2016).
11. F. T. Masao et al., New footprints from Laetoli (Tanzania) provide evidence for marked body size variation in early hominins. *eLife,* 5: e19568 (2016).
12. *Proceedings of the National Academy of Sciences,* 110 (June 2013).
13. Richard G. Klein, Stable carbon isotopes and human evolution. *Proceedings of the National Academy of Sciences,* 110: 10470-10472 (June 2013).
14. M. Domínguez-Rodrigo, Is the "Savanna Hypothesis" a dead concept for explaining the emergence of the earliest hominins? *Current Anthropology,* 55: 59-81 (Feb. 2014).
15. S. Semaw et al., 2.5-million-year-old stone tools from Gona, Ethiopia. *Nature,* 385: 333-336 (1997); Semaw, S. et al. 2.6-Million-year-old stone tools and associated bones from OGS-6 and OGS-7, Gona, Afar, Ethiopia. *Journal of Human Evolution*, 45: 169-177 (2003).
16. Shannon P. McPherron et al., Evidence for stone-tool-assisted consumption of animal tissues before 3.39 million years ago at Dikika, Ethiopia. *Nature,* 466: 857-860 (12 Aug. 2010).
17. Sonia Harmand et al., 3.3-million-year-old stone tools from Lomekwi 3, West Turkana, Kenya. *Nature,* 521: 310-315 (21 May 2015). 附有洛姆奎型石器照片。

第五章

人屬

——終於有些人樣了

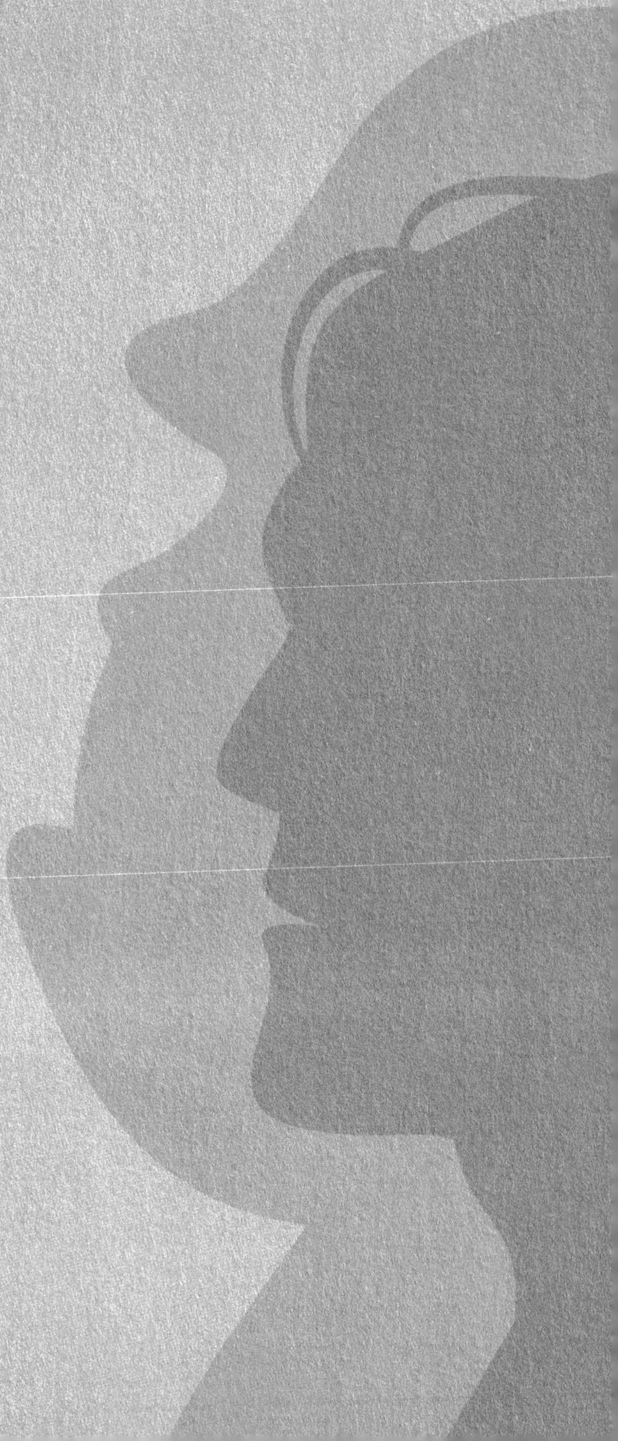

臺灣許多大學，若在中午舉辦演講或研討會之類的活動，一般會提供免費便當（飯盒）給與會者，而且有葷素之分。我從前在新竹清華大學教書時，就常常接到研究助理打來的電話：「老師，您中午要吃葷還是吃素？我們要統計人數。」兩百萬年前，如果你去問人屬直立人這個問題，你猜他會怎麼說？當然，人類那時不但沒有文字，甚至還不會說話，只能像黑猩猩那樣嚎叫，無法溝通。其實，直立人是很雜食的物種，有什麼吃什麼，葷素都可。不過，如果有一天直立人幸運撿到一頭大象的屍體，他們一定不要吃素，而要吃葷，因為他們的身體需要更多的卡路里。

一、人屬的最佳代表

南猿以後，人類演化來到了人屬（genus *Homo*）的時代。人屬的起點，傳統教科書一般說是兩百三十萬年前，證據是德國探測隊在馬拉威發現的一個上頜骨。但二〇一三年，美國亞利桑那州立大學的一個團隊，在衣索比亞雷地卡拉魯（Ledi-Geraru），發現了一個下頜骨和牙齒。這些牙齒比南猿的小許多，接近後來人屬的，年代為兩百八十萬年前。研究團隊認為這才是最早的人屬成員，於是又把人屬的起點，往前推了五十萬年[1]。

早期人屬一般說是有三個物種：能人、魯道夫人和直立人（直立人在非洲又別稱匠人 *Homo ergaster*，但此詞近年已幾乎不用）。能人和魯道夫人的形態特徵，像南猿多過於像後來的人屬，所以知名的古人類學家伍德（Bernard Wood）在一篇很有名、廣為學界引用的論文中，認為能人和魯道夫人不應當歸入人屬，應當算是南猿[2]。而且，這兩者的化石太少太殘缺，論證不易，許多地方要靠推測。目前學界討論早期人屬時，主要以直立人為例，特別是一百六十萬年前的那位圖爾卡納少年，又稱納里歐科多摩（Nariokotome）男孩（圖5-1）。

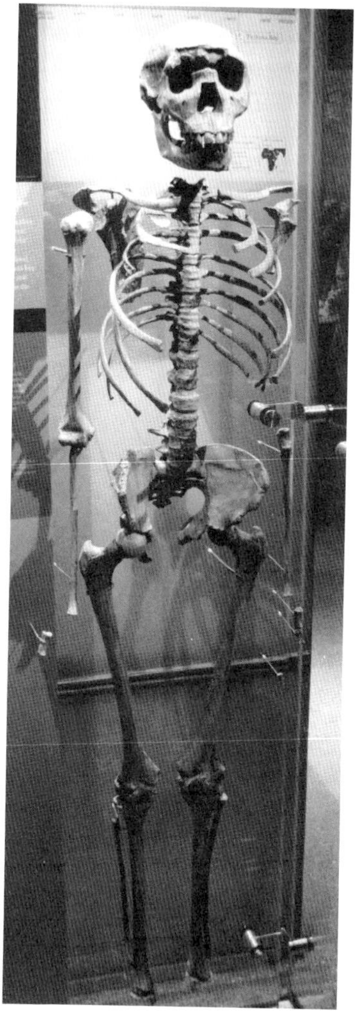

圖 5-1　圖爾卡納少年，又稱納里歐科多摩男孩的骨骼，年代約為一百六十萬年前。

一九八四年，他的化石在肯亞圖爾卡納湖附近的納里歐科多摩地區，被李察·李奇（Richard Leakey）的團隊發現，出土骨骼比露西更完整，是直立人的最知名標本。他死時約十二到十三歲（一說八歲），但身高已達一百六十公分，體重估計約六十公斤，比露西高大[3]。露西死時，也大約是十二歲，但身高只有一百一十公分，體重約二十九公斤。這一對男女，男的是直立人的最佳代表，樣貌接近現代人，女的是阿法南猿的最佳樣本，樣貌接近猿。兩人在時間上相隔了一百六十萬年，正好可以拿來相互比較，很可看出人類身體在這段期間的演化歷史。

二、肉食革命和昂貴器官假說

今天，吃素還是吃葷，一般只是宗教或個人養生的課題，小事一件，無關緊要。但在兩百萬年前，當人類正在從南猿演化到人屬的階段，這卻是一等一的大事，攸關整個人類的未來命運。假設那時的人類祖先，仍然像黑猩猩那樣多吃素（果子和葉子等），鮮少吃肉，那麼人類今天很可能還住在非洲的林地，過著半樹棲生活，身體矮小，腦袋小，全身毛茸茸，八分像個猿，走不出非洲，無法像現在那樣擴散到全世界幾乎每個角落。

然而，那時的人類不但不抗拒吃肉，而且還盡可能多吃。最好的證據是，人類第一項偉大的工藝——石器，就是為了吃肉而發明。我們在第四章見過，目前發現的最古老石器，是三百三十萬年前的洛姆奎型，極可能是由南猿製作。其次是兩百五十萬年前的奧杜威型，一般說是由能人製作。到了一百七十萬年前，直立人更製造了更精良的石器，稱為阿舍利（Acheulean）型，而且品項更多，有手斧、切割器、砍砸器等，供不同的場合使用。

吃素不需要這樣的石器。如果想要敲開堅果或搗爛植物纖維，用最普通的、未經修飾的石頭就可以了，就像今天黑猩猩會做的那樣。但吃肉卻需要用上種種不同的石器，比如需要切割器，去切開大象一英寸厚的外皮；需要刮削器，刮取動物骨頭上的殘肉；也需要敲擊器，來敲破動物的大骨頭，吸取滋補的骨髓。肉食所能吸引的卡路里，遠比素食的高出許多。這時候的人類祖先，吃了那麼多肉和動物脂肪，營養大增，引發了一連串的後繼效應。人類演化到人屬階段時，肉食的增加不但是一大主題，也是推動人類繼續演化的一大動力。

和南猿相比，人屬有幾個明顯不同的特徵。

第一，人屬的身體比南猿的顯著高大。南猿的體重約在三十到五十公斤之間，身高約一百到一百五十公分，就像黑猩猩那樣矮小，但直立人的體重卻在五十到七十公斤之間，身高約一百六十到一百八十五公分，跟現代人接近[4]。

第二，人屬的腦也增大。南猿的腦容量約四百五十到五百毫升，只比黑猩猩的略大一些。能人的腦容量開始增大，約五百到七百毫升；直立人約六百到一千兩百毫升；現代人（智人）約一千一百到一千九百毫升。

第三，人屬的肋骨架跟現代人類似。以直立人圖爾卡納少年為例，是比較小的酒桶形，但南猿（以露西為例）的肋骨架，卻是比較大而突出的錐形，跟黑猩猩類似。這表示，南猿的腸大，腹部大，腰部大，需要這樣的肋骨架，但直立人的腸卻變小了，肋骨架跟著收小，腹部變小，有了腰身，也更方便雙足行走和跑步。

這三大人體演變，乍看起來似乎沒有關聯；但在一九九五年，有兩位學者發表了一項里程碑式的研究成果，提出了著名的「昂貴器官假說」（Expensive tissue hypothesis），把這三大人體演變串聯在一起[5]。

這假說指出，從南猿起，人類祖先的肉食就開始增加（見第四章），到人屬的時代，直立人更是大量吃肉。肉食是高質量且容易消化的食品。人類祖先的營養大增，體型增大，腸道也不需要用於消化大量草本植物的粗纖維，以致退化，逐漸變小。腸跟腦一樣，是人體內的兩大「昂貴器官」，需要消耗許多的卡路里來運作。腸變小以後，節省下來的卡路里，正好可以用來培養更大的腦。

有學者說，人類是因為社交圈子擴大，需要照顧到那麼多的社交關係，所以才演化出比較大的腦[6]。但這恐怕是因果顛倒。事實上，人類是因為吃肉，腸變小，可以把剩餘的卡路里，用於大腦。有了越來越大的腦，自然也就能應付越來越複雜的人際關係，同時認知能力也大大增加，可以更有能力去適應非洲那時的乾旱天氣，以及不斷擴大的稀樹草原環境。

除此之外，因為吃肉，人屬的牙齒也有了演變。南猿的臼齒都很大，主要用來研磨粗纖維的草本植物，但直立人和後期人屬的臼齒和門牙都變小了，因為吃肉的關係。肉食經過石器的加工，切小或搗爛，也變得更容易咀嚼，不再需要南猿的那種大牙了[7]。

除了吃肉，直立人也吃許多地下根莖類食物，如地瓜、胡蘿蔔、芋頭等等。這些食物，和肉類一樣，如果沒有經過石器的搗爛加工，也是非常難以咀嚼的。雖然南猿也吃肉和地下根莖類食物，且發明了最原始的石器，但直立人是第一個大量吃這類食物的物種，而且製作了越來越精良的石器，來進行食品加工。這類食物也常見於稀樹草原，較少出現在林地，顯示直立人的生活範圍，已從林地轉移到開敞的草原。

但有一點要釐清，人腦的增大，並非單單只依靠吃肉（未煮熟的生肉）。從兩百萬年前開始，一直到大約六十萬年前，人腦增大了一倍左右，從七百毫升增至一千四百毫升。在這段時間，至少有兩個因素促使人腦變大。第一，直立人學會了用火，或懂得吃烤熟的肉和其他食物。熟食比生食更容易讓人的腸道消化，且提供更多的能量，讓人腦擴大[8]。這顯示，煮食在人類演化史上的重要性[9]。我們的表親黑猩猩和其他靈長類，至今還不會生火煮食物。

第二，雖然人類從能人開始，吃的肉比南猿多，但他們和後來的直立人以及尼安德塔人等，並非只吃肉。他們仍然和現代人一樣，是一種非常雜食的動物，除了吃肉，也食用豆類和大量的根莖類食物，以補充肉食的不足。這些澱粉含量高的碳水化合物，能提供人腦最需要的葡萄糖，促使它進一步擴大。二〇二一年的一項最新研究報告，分析了尼安德塔人和早期智人牙齒化石上的細菌成分及其演化歷史，顯示尼人和現代智人的祖先，在至少大約六十萬年前，就食用大量的根莖類、豆類和其他澱粉類食物，遠在一萬年前農業發明之前[10]。

為了肉食，兩百萬年前的直立人，已演化出靈活的雙足行走和跑步（見第三章），可以開始去掠食和追殺獵物，但這往往不是個人獨力可以完成，而需要群體的合作。石器的製作，也需要團體的合作。這意味著，直立人開始懂得合作來獲取肉食，並且分享肉食，甚至發展出男女分工合作：男的狩獵，女的採集植物性食物。男性之間的合作，也減少了他們之間的鬥爭，不必再為爭著和女性交配而打架。在這樣的基礎上，男女可以形成一種比較密切的兩性匹配（但還沒有到一夫一妻制），由男性提供肉食來照顧女性和小孩。

雄黑猩猩的獠牙（即人類的犬齒）特尖特大，身體也比雌性的大上約百分之五十。這是所謂的「性別二態性」（sexual dimorphism），主要是為了搶破頭跟雌性交配的結果。獠牙越大、身體越大的雄性，越占便宜，越能跟更多雌性交配。人類系譜的南猿，犬齒沒有黑猩猩那麼大，但又比直立人和現代人大一些。南猿男性的身體，平均也比女性大一倍。這顯示，南猿仍有明顯的性別二態性，比較像黑猩猩的社群。但肉食大量增加以後，直立人的合作增多，男女多了點匹配關係，不必再為爭奪交配權而大打出手。直立人男性的身體，便演化成只比女性的大百分之十五左右，跟現代人類似，性別二態性大大減少了。

這一切，可以從氣候和肉食說起。大約兩百萬年前，在南猿和人屬的交替時期，非洲大地又一次面臨長期的乾旱，雨量減少，雨林進一步萎縮，變成林地，林地則變成稀樹草原。人類祖先被迫離開林地，走到稀樹草原去覓食。這意味著，他們放棄了樹棲生活，不再爬樹，完全用雙腳在草原上活動了。草原上有許多草食性動物，也有一些小型的哺乳類動物，成了人類肉食的來源。為了獲取這些肉食，人類開始使用石器，也演化出更完美的雙足行走和跑步，去掠奪草原上的動物死屍，或追殺那些獵物。肉食也促進了人類的合作，改變了男女的關係[11]。

下次如果有人問你要吃葷還是吃素，可別掉以輕心，要想一想，我們的老祖先，如果不是這場兩百萬年前的肉食革命，我們今天很可能還留在非洲林地和稀樹草原邊緣，跟牛羚、斑馬那樣，孤零零地只顧著各自埋頭專心吃草為生，不曉得合作。

三、一百五十萬年前的直立人腳印

一百五十萬年前，在肯亞北部伊萊雷特（Ileret）的一個湖邊，有一群人（很可能是直立人）走過一片泥地，留下他們的腳印。二〇〇七年到二〇一四年間，科研人員在這裡挖掘，發現了許多腳印，清晰的有九十七個，分屬超過二十多人，大部分為成年男性。這些腳印，跟三百六十六萬年前，南猿在坦尚尼亞萊托里留下的足印一樣，成了人類演化史上的重要證據，可以讓今天的學者去研究古代人類祖先的行走姿勢、腳掌骨骼結構，甚至身高和體重。

研究員們把伊萊雷特腳印，拿來和萊托里腳印，以及今天非洲當地居民的腳印，做對比分析，發現伊萊雷特腳印和萊托里腳印所顯示的行走姿勢，有很大的不同，而跟現代人的行走姿勢基本吻合，彷佛就像現代人在沙灘上留下的腳印一樣生動。他們的腳掌也有明顯的足弓，行走起來比南猿省力，表示人類最遲到了一百五十萬年前直立人的階段，已演化出我們現代人那種流暢的雙足行走方式了，且步幅大，顯示他們的雙腿長、身材高，不同於南猿的短腿和矮身材。這樣的長腿和身材，也很適合跑，讓直立人可以持續長跑去追殺獵物，或快跑到草原上有動物屍體出現的地方，跟其他掠食者，如野狼，爭奪肉食[12]。

專家根據足跡的長度、寬度和深度，推測這些直立人的體重，平均為四十八點九公斤，跟今天伊萊雷特地區非洲男女平均體重相等。這表示，足印主人的體型，比南猿的高大，可以證明人類祖先在一百五十萬年前，身體在開始增大當中。

更有意義的是，足印清楚顯示一群直立人，大部分為成年男子，在同一個稀樹草原的湖畔，集體走過，一起在合作進行某件事。這說明了直立人有集體組織，可以有群體行為，比如男女分工分頭去找尋食物——女性負責採集地下根莖食物，男性狩獵或掠食[13]。

四、無毛的身體

希臘哲學家柏拉圖，形容人是「無毛的雙足行走者」（featherless biped）。今天，在靈長類中，人是唯一沒有多少體毛，而且是汗腺密度最高的哺乳類動物。但三百二十萬年前，在南猿露西的時代，她還是全身毛茸茸的。那麼人的體毛是在什麼時候掉落的？

有遺傳學家根據毛髮的基因，去研究這個問題，得出的答案是：約一百七十萬年前。

那正是直立人出現的時代。他們不再樹棲，活躍於非洲乾旱炎熱的稀樹大草原上，每天需要走或跑上約十公里的路，去採集地下根莖食物，或尋找肉食，身體會產生大量的熱。為了散熱，身體需要流汗，但全身是毛髮，不利於流汗，只能像狗那樣，張大嘴巴大口喘氣來散熱。於是，人慢慢演化出非常容易散熱的無毛身體，並大量增加全身的外分泌汗腺（俗稱小汗腺），以流汗的方式來散熱，只留下頭部、腋下和私處的少數毛髮。近年，生物學家已經找到了外分泌汗腺替代體毛的基因機制[14]。

高密度的汗腺取代了體毛，可以讓人體非常有效地散熱，可以讓今人跑大約三小時的全程馬拉松（四十二點一九五公里），中途不必停下休息散熱。沒有其他陸上大型哺乳類動物，可以像人類那樣如此長跑，擁有如此完善、如此容易散熱的身體。這是直立人在非洲草原上，為了生存而演化出來的一大成就，也是直立人留給我們現代人最珍貴的遺產之一。

為了不讓身體過熱，直立人還演化出挺起的鼻子。黑猩猩的鼻子是塌下去的，南猿露西的也一樣，但直立人的鼻子卻是挺起的，有鼻腔，在化石上有其痕跡，直到現代人都如此。歐洲人的鼻子，一般又比亞洲人的更高挺。這樣的鼻子有替身體保濕的功能，可以防止肺部在乾旱的非洲草原上脫水[15]。

在直立人的時代，弓箭等武器還沒有發明。直立人是如何長跑去追殺獵物？很簡單，利用人體毛消失以後容易散熱的身體，去把獵物（比如牛羚）追到熱死！這也是現代非洲和南美洲某些狩獵採集族群，仍然普遍採用的好辦法。一旦發現了（比如說）牛羚的足跡，直立人可以耐心長跑追上去，像跑馬拉松那樣。牛羚雖然跑得比人快，但牠全身是毛，難以散熱，跑一段路就需要停下來喘息散熱，否則會熱死。然而，直立人不需要休息散熱，經過幾個小時的長跑後，就可以追上牛羚。這時，牛羚已經被追趕到熱昏了，倒地就擒[16]。如此看來，人類長跑的起源，竟然是為了吃肉，若為吃素不必長跑也。

相比之下，跟人類最親近的黑猩猩，住在森林深處，有樹蔭的庇護，活動範圍很小，每天只走大約兩公里，沒有散熱的問題，到現在還保有全身毛髮。但這也意味著，黑猩猩的世界很小，如今依然局限在森林內，走不出非洲。你若想在非洲以外的地方見到黑猩猩，一般只能在動物園內，見到那些在非洲雨林捕捉到的，被囚禁的黑猩猩。然而，人類沒有了毛髮，卻更能適應種種炎熱或寒冷的環境，可以走出非洲，向全世界擴散。

五、終於有些人樣了

所謂人類演化史，基本上就是一個猿的身體，如何慢慢演化成一個人的身體的過程。這整個歷程，充分展現了演化驚人偉大的力量：它可以把猿類變成人類。但演化也需要非常漫長的時間。從六百萬年前人類和黑猩猩分手算起，到四百四十萬年前的阿爾迪時代，歷經了一百六十萬年的演化，人還是長得像猿，頂多只是開始學會兩腳走路，而且還不是走得很好。如此又經過一百多萬年的演化，到三百二十萬年前的阿法南猿露西的時代，露西的雙足行走總算有些進步，走得比阿爾迪穩健，但露西還是長得矮小，頭腦小，手長腿短，大腹便便，沒有腰身，全身還是毛髮，像黑猩猩多過像現代人，而且她仍住在樹上！

一直到大約兩百萬年前直立人的時代，我們才看到圖爾卡納少年那樣精采的人物，終於有些人樣了。古人類學家常形容他是個「美少年」，擁有「漂亮的骨骼」，主要指他的骨骼相當完整，也指他幾乎脫盡毛髮，皮膚黝黑，身材高大，頭腦增大，兩腿修長，兩手較短，腹部收小，有了腰身，幾乎像現代人了（圖5-2）。他不再像猿類，也不再住在樹上，而在稀樹草原上活動覓食。他這種身材和腳部骨骼，不但雙腳走得比露西好，步伐流暢，步幅大，而且還非常適合長跑去追殺獵物，也適合走遠路。如果他在現代操場上遠遠走過來，你會一時眼花，以為是哪個鄰家美少男，忘了穿衣服就跑出來玩（是的，直立人還沒有發明衣服。人類要到大約七萬年前的智人，才開始穿衣）。

到了兩百萬年前左右，人類演化終於來到了一個高峰，有能力走出非洲，上演一場轟轟烈烈的《出非洲記》（*Out of Africa*），開始去征服中

圖 5-2　根據出土化石重建的圖爾卡納少年復原塑像，他已沒有遍布全身的體毛。

東、高加索地區、東亞和東南亞等地。走出非洲的最早人類，就是像圖爾卡納少年那樣的直立人。

註釋

1. Brian Villmoare et al., Early *Homo* at 2.8 Ma from Ledi-Geraru, Afar, Ethiopia. *Science,* 347: 1352-1355 (20 March 2015).
2. Bernard Wood and Mark Collard, The human genus. *Science,* 284: 65-71 (1999).
3. F. Brown, J. Harris, R. Leakey and A. Walker, Early *Homo erectus* skeleton from west Lake Turkana, Kenya. *Nature,* 316: 788-792 (1985); Alan Walker and Richard Leakey, eds., *The Nariokotome* Homo erectus *Skeleton*. Harvard University Press, 1993.
4. Daniel Lieberman, Homing in on Early *Homo*. *Nature,* 449: 291-292 (20 Sept. 2007).
5. Leslie C. Aiello and Peter Wheeler, The expensive-tissue hypothesis: The brain and the digestive system in human and primate evolution. *Current Anthropology,* 36: 199-221 (1995).
6. R. I. M. Dunbar, The social brain hypothesis. *Evolutionary Anthropology,* 6: 178-90 (1998).
7. Katherine D. Zink and Daniel E. Lieberman, Impact of meat and Lower Palaeolithic food processing

techniques on chewing in humans. *Nature,* 531: 500-503 (2016).

8. Karina Fonseca-Azevedo and Suzana Herculano-Houzel, Metabolic constraint imposes tradeoff between body size and number of brain neurons in human evolution. *Proceedings of the National Academy of Sciences,* 109 (45) 18571-18576 (6 November 6 2012).
9. Richard Wrangham, *Catching Fire: How Cooking Made Us Human*. New York: Basic Books, 2009.
10. James A. Fellows Yates, Christina Warinner et al., The evolution and changing ecology of the African hominid oral microbiome. *Proceedings of the National Academy of Sciences,* 118 (20) e2021655118 (18 May 2021).
11. Susan C. Antón, Richard Potts, and Leslie C. Aiello, Evolution of early *Homo*: An integrated biological perspective. *Science,* 345: 1236828 (2014).
12. D. M. Bramble and D. E. Lieberman, Endurance running and the evolution of *Homo*. *Nature,* 432: 345-352 (2004).
13. M. R. Bennett et al., Early hominin foot morphology based on 1.5-million-year-old footprints from Ileret, Kenya. *Science,* 323: 1197-1201 (27 Feb. 2009); H. L. Dingwall et al., Hominin stature, body mass, and walking speed estimates based on 1.5-million-year-old fossil footprints at Ileret, Kenya. *Journal of Human Evolution,* 64: 556-568 (2013); Kevin G. Hatala et al., Footprints reveal direct evidence of group behavior and locomotion in *Homo erectus*. *Scientific Reports,* 6: 28766 (2016); N. T. Roach et al., Pleistocene footprints show intensive use of lake margin habitats by *Homo erectus*

groups. *Scientific Reports,* 6: 26374 (2016).

14. Yana G. Kamberov et al., A genetic basis of variation in eccrine sweat gland and hair follicle density. *Proceedings of the National Academy of Sciences,* 112: 9932-9937 (2015); Catherine P. Lu et al., Spatiotemporal antagonism in mesenchymal-epithelial signaling in sweat versus hair fate decision. *Science,* 354: aah6102 (2016).
15. R. G. Franciscus and E. Trinkaus (1988). Nasal morphology and the emergence of *Homo erectus. American Journal of Physical Anthropology,* 75: 517-527 (1988).
16. Daniel Lieberman, *The Story of the Human Body*, pp. 81-82.

第六章

直立人出非洲記

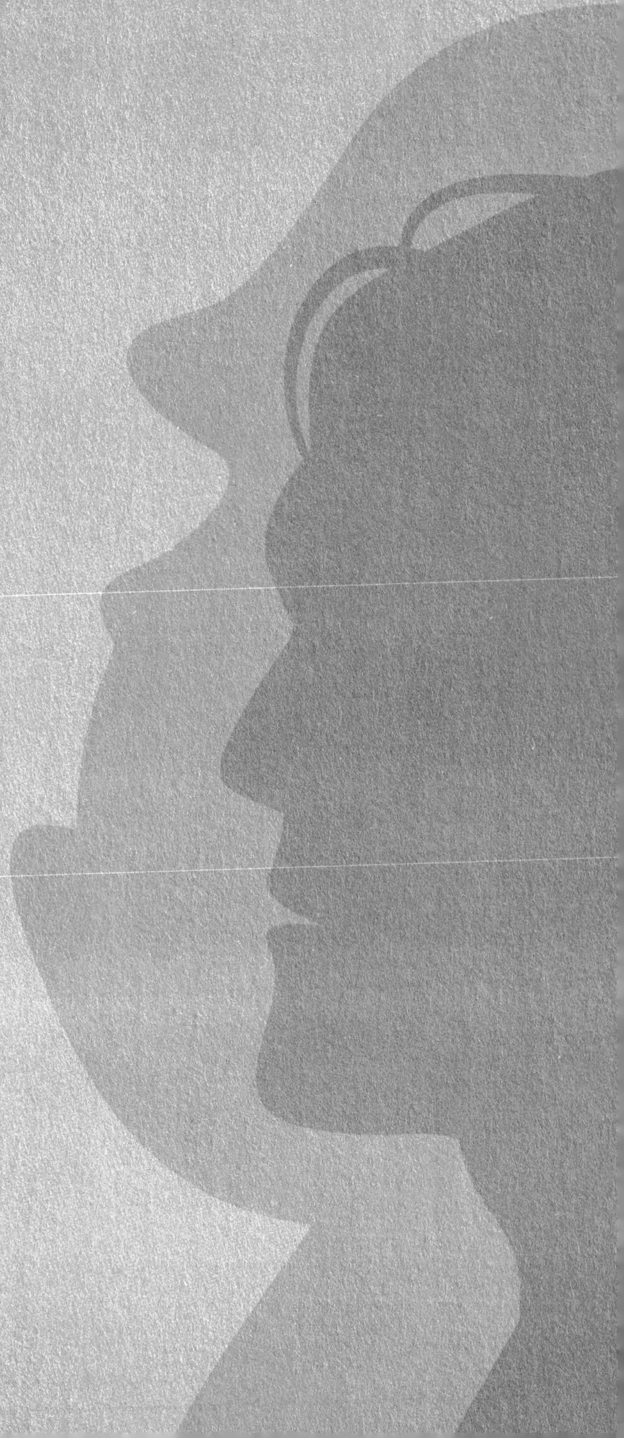

二〇一一年一月底，深冬時分，我來到北京市以南約六十五公里的周口店遺址博物館，為了一睹北京人出土的地點。周口店四周是高山，灰兮兮、光禿禿的，幾乎沒有什麼樹木，在冬天更有一種無比悲涼的感覺。據最新的定年，北京人從大約七十八萬年前起，就在這裡生活，屬於直立人的一種。參觀完畢後，在博物館正門的入口處，我和那個號稱為「北京猿人」的大型人頭塑像合拍了一張照片（圖6-1），帶走一個疑問：這個北京人其實

圖 6-1　本書作者和北京猿人塑像。

長得很像人，不像猿啊，為什麼還稱他為「猿人」呢？

隔了一年，在二〇二二年二月，我去了直立人在亞洲的另一個出土地點參訪——印度尼西亞爪哇島中部的桑居朗（Sangiran）。一八九一年，荷蘭軍醫杜布瓦（Eugene Dubois），出其幸運在附近的特尼爾（Trinil），發現了一些頭蓋骨和骨骼，後來證實屬於直立人，俗稱爪哇人。一九三六年和一九七〇年代，古人類學家也在這一帶找到更古老的人族成員化石，經古地質學家最新的測定，距今約一百六十六萬年前，比北京人還要古老。

如今，這裡建有一座小型的博物館，但離化石真正出土的梭羅河邊，還需經由一條許多時候只有摩托車才能通行的鄉間小路，走約十公里後方能抵達。我當時住在日惹市（Yogyakarta）的一家小旅館，就在火車站隔壁。一天早上，我乘坐了一列火車，來到六十公里外的梭羅（Solo）站，再從梭羅站召了一輛出租車，到桑居朗博物館去。參觀完畢後，遇到一個爪哇中年男子。他說，在二十世紀九〇年代，他參加過日本東京大學的一個研究團隊，在當地協助搜尋過直立人的化石。他很健談，最後他用他的摩托車，載我到出土地點去看看，收費還合理。

桑居朗直立人化石出土的地點，位於河邊，原本建有一座紀念碑和圍牆，但如今長滿雜草，沒見到任何標誌，似乎無人管理的樣子。四周是稻田或甘蔗田。直立人出非洲記，是人類演化史上的一件大事，對人類後來的發展，影響深遠。真沒想到，我竟是以如此「隨興」又「克難」的方式，去參訪一個直立人的遺址。

一、上陳遺址和直立人離開非洲的時間

然而，不論是北京人還是爪哇人，現在都已證實不是在東亞出土的最古直立人。還有一些其他直立人，比他們更古老。例如，在中國，雲南元謀人的兩顆門牙（一百七十萬年前）、河北泥河灣的出土石器（一百六十六萬年前）以及陝西公王嶺藍田人的頭骨（一百六十三萬年前），都比北京人的年代更早。此外，在西亞喬治亞共和國的德馬尼西（Dminisi, Georgia），位於土耳其東北部高加索地區，也是古代長安到拜占庭帝國的絲綢之路上的一個重要驛站，從一九九一年開始，也陸續出土了一批直立人的化石和石器，可追溯到一百八十五萬至一百七十七萬年前之間。這便把直立人離開非洲的時間，往前推到一百八十五萬年之前，一般說是在大約一百九十萬到兩百萬年前左右。

不料，就在二〇一八年七月中，英國《自然》期刊發表了一篇重要的研究報告：中國科學院廣州地球化學研究所研究員朱照宇、聯合中科院古脊椎動物與古人類研究所黃慰文研究員和英國國家科學院院士鄧尼爾（Robin Dennell）教授，以及國內十餘個單位的研究者，歷經十三年（二〇〇四到二〇一七年）調查研究，在陝西藍田縣黃土高原的上陳村，發現了一個舊石器遺址。科研人員以古地磁定年法，把最古老的石器定為距今約兩百一十二萬年前，最年輕的石器則為一百二十六萬年前，表示在這段長達八十六萬年的時間裡，這裡曾經有人連續（或斷斷續續）居住過[1]。

這一次發現，使上陳成為目前所知非洲以外（以及中國境內）最古老的古人類遺址。這一年齡比德馬尼西直立人遺址的年代（距今一百八十五萬年），還早了二十七萬年。

上陳遺址的第十五層古土壤（S15）至第二十八層黃土（L28）層位，埋藏著八十二個被打擊過的石頭和十四個未經打擊的石塊。打擊過的石頭包括石核、石片、刮削器、尖狀器、鑽孔器和手鎬，都是古人類早期使用工具的證據。石器的形制簡單，類似非洲奧杜威型（第一模式）石器。目前還無法確定這些石器的製作者是什麼人，但從年代看來，最可能是直立人。如果是，那麼直立人走出非洲的歷史又要改寫了，比之前所知的年代，要提早約二十五萬年。

上陳遺址可能也要改寫一部分人類演化的歷史。以往，古人類學家一向認為，直立人是在非洲演化的。但自從德馬尼西的直立人化石出土之後，喬治亞的專家就開始提出一個假說：直立人未必是在非洲演化，有可能是在歐亞演化，一部分再遷回非洲，另一部分往世界其他地區擴散[2]。現在，上陳遺址的年代，也使得這個「直立人起源於亞洲」說，獲得另一個證據的支撐。不過，歐美學者目前還未接受這種假說，除非有更多的化石出土。所以本書仍採用學界主流看法——直立人起源於非洲，在大約兩百萬年前走出非洲，向世界其他地區遷徙。

雖然上陳遺址的年代比德馬尼西的還要久遠，可惜它只有石器出土，沒有發現人族成員化石（這點類似泥河灣遺址，見下文）。這就好像王維的詩〈鹿柴〉所說，「空山不見人，但聞人語響」，留給後人無限的遐思和惆悵。出土的石器可以證明，上陳遺址曾經有人居住過，但上陳沒有發現人族成員化石，終究不免是一大遺憾。研究報告的作者之一，英國的鄧尼爾教授在受訪時幽默地說：「我們大家都很想要找到一個人族成員，最好他手上就拿著一件石器。」[3]

應當一提，上陳遺址的地面，目前因為廣泛的耕種，無法做大規模和更深層的發掘。科研人員希望，將來可以擴大發掘範圍，或許能發現人族成員化石和更古老的石器。

美國地質和人類學家卡普曼（John Kappelman），在評論上陳遺址時指出，從東非到東亞的行走距離，大約是一萬四千公里，是一段相當長遠的路程。但早期人類的擴散，和今天採集狩獵社群的高度移動性類似，一旦當地食物發生「資源枯竭」（resource depletion）的現象，那麼他們就會被迫遷徙到下一個地點，以致他們經常都需要遷移。假設他們一年移動一到五公里，則他們可以在一到三千年之間，從非洲抵達現今的中國[4]。

二、德馬尼西的直立人

人類的演化史，許多時候要拿來跟黑猩猩的演化史相比，才能看出人類演化之不同。比如，黑猩猩跟人類分家以後，在過去六百萬年來，始終走不出非洲雨林，到現在還住在封閉的大森林樹上。然而，人類不但走出了森林，從最初走到比較開放的林地，再走到最開敞的稀樹草原上覓食，脫離了樹棲，而且還走出了非洲大陸，如今擴散到世界上幾乎每一個角落，適應了地球上各種炎熱或寒冷的天氣，成了今天地表上最優勢的一個物種。

當然，人類跟黑猩猩分家以後，也並非馬上就可以走出非洲，而是花了約四百萬年的時間作準備。三百多萬年前南猿露西那樣的身體，像猿多過於像人，仍然不具備條件走出非洲。一直要到約兩百萬年前的直立人，才演化出比較接近現代人的那種體型和雙足行走，可以走出非洲了。

我們對直立人走出非洲以後的歷史，知道得比較多，主要靠喬治亞德馬尼西出土的那批直立人化石。從一九九一年開始，這裡發現了五個頭骨和許多骨骼化石（圖6-2、6-3），是至今為止，世界上出土最多直立人化石的地點之

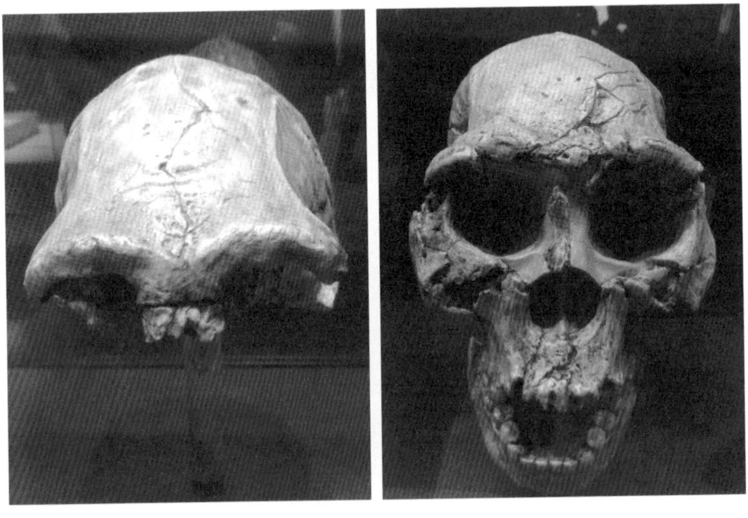

圖 6-2

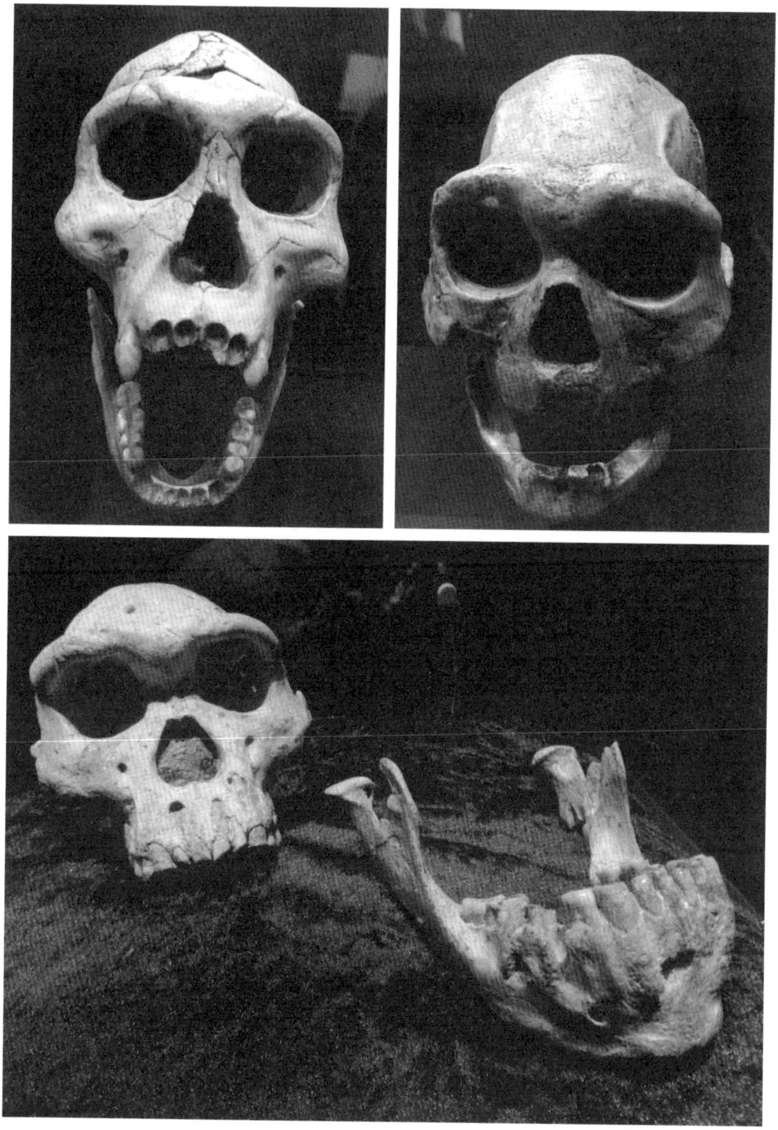

圖 6-3 德瑪尼西出土的一批直立人頭骨化石。

一（另一為北京周口店），大大填補了直立人歷史的空白。這些德馬尼西人，距今年代約為一百七十八萬到一百八十五萬年之間。他們雖然都歸類為直立人，卻長得比所謂經典直立人（即圖爾卡納少年那種類型）矮小一些，身高約一百四十五到一百六十六公分，體重約四十到五十公斤。腦容量也比後來的直立人小，大約為六百到七百七十五毫升，只比南猿露西的大一些[5]。科研人員認為，這可能是最早演化出來的直立人，在非洲誕生後不久，就離開非洲，還處於這個物種演化的初期。至於那些沒有離開非洲的，則繼續留在非洲演化，幾十萬年之後，身體才變得更高大，腦也增大，像一百六十萬年前的那位圖爾卡納少年那樣。

換句話說，直立人跟智人一樣，群體內存在著人體差異的現象——有些人長得高大，有些人長得矮小。不同時代、不同地區、不同生態環境下的同一個人類物種，也可能有不少差異。德馬尼西人所展現的人體差異，實際上在合理範圍內，並不表示他們是另一個物種。

不過，德馬尼西人也顯示，人不需要太大的腦，也能走出非洲。關鍵在於，他們的腦雖小，但雙腿卻修長，具有現代人的身體比例，腳骨也很接近現代人的，雙足行走應當比南猿露西更省力、更快，可以長跑去追殺獵物。在德馬尼西遺址上發現的大量石器和動物骨骼上的切痕，表明德馬尼西人依靠狩獵或撿屍為生，食用大量的肉類，不再像南猿露西那樣，主要吃素，只有少量肉食。

歐洲大陸曾經出土過不少尼安德塔人的化石，但直立人是否曾經到過歐洲，目前卻是個疑問，還沒有充分的化石證據。歐洲出土的最古老人族成員化石，是在西班牙發現，可追溯到約一百二十萬年前，但被歸類為先驅人（*Homo antecessor*）而非直立人[6]。有不少人誤以為，德馬尼西遺址位於歐洲，其實不是。它位於高加索地區，在歐洲和亞洲的交界處，一般說是在西亞（western Asia）。

三、直立人離開非洲的原因

人類是在非洲和黑猩猩分家後演化而來。在最初的大約四百萬年，一直住在非洲，沒有離開，但演化到直立人的時代，在兩百萬年前，為什麼又要離開？

第一，離開是為了生活，尋找食物求生存。今天的人類，為了追求更美好的生活，往往往會從一個比較貧窮的國家，移民到一個比較富裕的國家。或者，為了逃避戰爭，會逃離某一國家，逃到另一個國去充當難民。人類和好些動物一樣，其實都是永遠在移動或遷徙的物種，主因都是為了求生活。當一個地方，因為乾旱或天災等因素，找不到吃的東西時，人類為了生存，自然而然就會轉移到另一個地區去覓食求生；動物也一樣。今天，非洲塞倫蓋提大草原上的數百萬頭牛羚（wildebeest），每年都會在夏秋之間，按時進行大規模的集體遷移，千萬蹄奔騰，發出如大瀑布奔流的聲響，十分壯觀，就是為了尋找豐美的水草。

科研人員推論，直立人之所以要離開非洲到亞洲去，主因是為了追捕獵物求生存。兩百萬年前，非洲大地又經歷慣常性的乾旱天氣，草原上的食物短缺，不少草原動物也在遷徙覓食，往近東和亞洲方向移動。最早期的直立人，為了追獵這些動物，也不知不覺往亞洲方向移動，甚至沒有意識到自己在「遷徙」，就離開了非洲大陸。當中有一批直立人，在十多萬年之後，約一百八十五萬年前，來到了德馬尼西。他們死後，遺骨才被現代的科研人員發現。

第二，身體的演化。直立人的身體和雙足行走，已演化到比南猿更佳的境地，很接近現代人，很有「人樣」，可以長途遠行了。直立人之前的南猿屬，身體比較矮小，直立行走的方式也還有些笨拙，還沒有達到直立人的流暢步伐。這都限制了南猿的活動範圍，走不出非洲。

第三，肉食。南猿開始學會吃肉，但主要食物還是植物性的。直立人大量增加肉食，不但讓他們的身體長高長大，頭腦增大，而且更可以讓他們擺脫吃植物性食物的地域性限制，可以不必像吃素的黑猩猩那樣，必須依賴大森林內的果子和C3植物，至今還離不開大森林。直立人可以走向非洲的稀樹草原，獵取草原上的動物肉食，最後擴大了活動範圍，離開了非洲大陸，走向更遙遠的亞洲。這是肉食帶來的影響之一。

第四，石器的發明和改良。直立人不是第一個懂得製作石器的人族成員，但他們的石器製作技術，肯定比先前的人族成員成熟，可以達到更高的水平，比如在泥河灣馬圈溝遺址所展現的那種水平——可以用最簡單的石器，來屠宰和分享一頭大象。直立人帶著他們的石器，走向未知的新疆域，就像數百年前美國史上的那些牛仔，帶著槍枝，騎著馬，闖向美國西部的蠻荒一樣（Have gun, will travel）。直立人則是「有了石器，就遠行」（Have stone, will travel）。

以上四個原因，有近因，有遠因，何者最重要？恐怕肉食最重要。約三百萬年前的人族成員，因為林地的植物性食物不足，被迫走向稀樹草原去尋找更多的動植類食物，特別是肉食。為了吃肉，人類發明了第一個科技——石器。攝取了大量肉食後，人演化出更大的腦，更高大的身體，更流暢的雙足行走，最後又為了追殺獵物，取得肉食以生存繁衍，不知不覺中離開了非洲，如今成了占據地球上幾乎每一個角落的七十億智人人口。

四、直立人離開非洲的方式和速度

德馬尼西距離東非人類的發源地，大約為六千公里。遠古時代的所謂「遷移」，並非像現代那樣，需要走上幾十公里，或幾百公里的路。研究直立人的古人類學家蘇姍・安東（Susan Antón）推測，直立人每年只需移動一公里，在一萬五千年內，就可以從非洲走到印度尼西亞[7]。當然，這不是一代人就能完成的事。假設一代為二十五年，這需要六百代直立人的努力。換句話說，離開非洲的第一代直立人，只走了約二十五公里。第兩百四十代走到德馬尼西。第三百六十代走到中國（雲南的元謀人）。第六百代後裔可以走到印度尼西亞的爪哇島了。

以此推測，直立人在兩百萬年前離開非洲，但他們的遺骨化石，卻在一百八十五萬年前才出現在德馬尼西遺址。這表示，他們在路上走了十五萬年，才走完這六千公里的路，平均每年只走了零點零四公里。這顯示，他們必定是在路上時走時停，而且停下來的時間可能長達數年，比真正走動遷移的時間還要長，甚至走了一條迂回的路，最後才「不小心」抵達德馬尼西。

以這麼緩慢的遷徙速度看來，直立人大約是以二十五到五十人組成一個遊群（band），由一個大家長當首領，過著一種流浪式的生活，靠採集和狩獵為生。當他們暫時聚居的地點周圍，可以採集到和狩獵到的動植物都消耗殆盡的時候，他們就會被迫遷徙到下一個地點，但只需搬到數公里外，就能找到新的食物來源，類似現在的採集狩獵社群[8]。同時，當一個遊群的人口增加時，他們也會分裂成兩個遊群，其中一群遷移到另一地點去。這樣走走停停，經過數百代人和數千數萬年的漫長遷徙，直立人便可以從非洲走到德馬尼西、中國和印度尼西亞等地了。

以歷史時間來看，十五萬年是非常漫長的，等於五千年中國文明史的三十倍。但在演化和地質時間上，卻只不過是一瞬間的事，微不足道。想想看，直立人在地表上生存了約兩百萬年才滅絕，花個十五萬年去「征服」亞洲，小事一件罷了，還有許多時間可以去做其他事，比如說，演化出更大的頭腦和更高大的身體，可以向西亞和東亞更高更北的寒冷緯度移動。

我們今人常常喜歡把直立人向全世界的擴散，形容是一種「征服」，一種「殖民」。實際上，直立人應當沒有這種「征服」和「殖民」的意識。他們只不過是為了生存，為了尋找食物，追捕獵物，才不斷在移動搬家，永遠沒有固定的居所，一直要到約一萬年前，人類懂得了耕種，發明了農業，才能定居下來。

五、直立人來到中國

六千五百萬年前，恐龍在地球上絕滅時，現今中國的土地上還沒有任何人類的蹤跡，只有壯麗的山川和樹林，以及劍齒象等古生物。我們不妨想像一下，當時整個中國竟空無一人，和現在住滿十四億的人口，對比一定非常強烈。那彷佛科幻小說的場景：外太空一個嶄新的寂寞星球，在默默等待著人類的降臨。

一直要到兩百萬年前左右，中國的土地上才開始有人在「蠢蠢移動」——來自非洲的直立人。

一九八五到一九八六年，四川重慶巫山縣龍骨坡遺址出土了一個左側下頜骨和其他化石。據發現者黃萬波一九九五年那篇《自然》期刊的英文論文所述，其年代可追溯到一百九十萬年前，但好些中文資料和教科書，不知何據，則說是兩百零一萬到兩百零四萬年前。化石原先被認為是在東亞出現的最古老人類，但巫山人一直有「是人還是猿」的爭議。中國科學院的古生物學家吳新智，就認為巫山人「屬於猿類」[9]。二〇〇九年，《自然》期刊上又有一文，由一九九五年那篇論文的作者之一，美國古人類學家蕭罕（Russell Ciochon）撰寫，認為巫山人是猿而非人族成員，撤回了先前一九九五年的說法[10]。

人類有六百萬年的歷史。兩百萬年前的直立人，已經是一個很晚的人類物種，之前還有其他物種，如杜邁、阿爾迪和南猿等等。中國並非人類的發源地。即使巫山人不是猿，而是人族成員的直立人，他也不可能起源於中國，因為直立人的起源地只有一個——只在非洲，不在中國。中國境內發現的直立人化石，應當都源自非洲。最知名、最主要的有下列幾種。

（一）雲南元謀人

抛開爭議性的巫山人不談，從化石證據看，最早從非洲來到中國的直立人，應當是在雲南元謀縣出土的元謀人。事實上，元謀人也未必是最早來到中國的非洲直立人，很可能還有其他更早抵達者，比如前面提到的上陳遺址的石器工匠，但他們的化石至今還沒有被發現，所以我們暫時只能說元謀人是最早的，距今大約一百七十萬年前。

很可惜，元謀人只有上頜左右兩顆門牙的化石出土（圖6-4），其形態類似周口店直立人的，但元謀人沒有任何頭骨和身體骨架出土，我們對

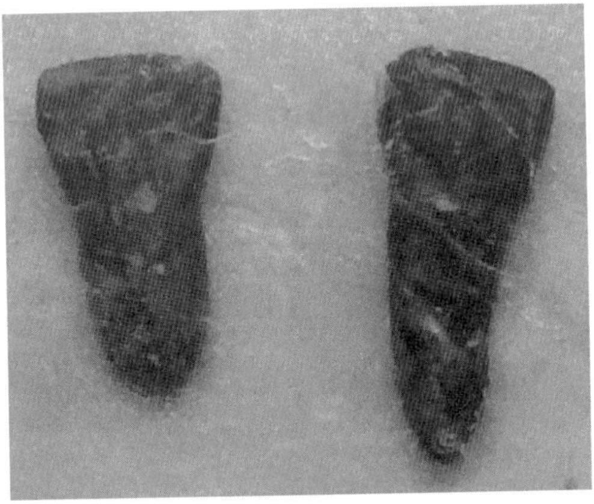

圖 6-4　元謀人的牙齒化石模型。

他所知甚少，只能根據化石的定年，判斷那兩顆門牙屬於直立人的。

二〇〇八年，地質學家朱日祥的研究團隊，在美國《人類演化期刊》上發表報告，是至今為止對元謀人所作的最嚴謹研究。團隊以古地磁定年法，把元謀人出土地點的年代，確定為一百七十萬年前。這一定年，使得元謀人成了在中國發現的最古老人類。這項研究也對出土地點的動植物化石，包括軟體動物、魚和龜，做了精細的搜集和分析，發現元謀人生活的場域，靠近一個湖或沼澤地帶（類似德馬尼西遺址），是個開敞的場景，但附近有林地和森林。這顯示，來到東亞的直立人，已經能適應多樣化的生態環境[11]。

（二）河北泥河灣人

泥河灣盆地遺址位於北緯四十度河北張家口市陽原縣，比北京還要北。據朱日祥研究團隊精確的古地磁定年法，其年代距今約一百六十六萬到七十八萬年前。其實，我們並沒有真正發現泥河灣人的化石，只找到他們遺留下來的許多石製品（屬於最簡單的奧杜威型），特別是在馬圈溝遺址，情況就像陝西藍田上陳遺址那樣——「空山不見人，但聞人語響」。這是直立人最早在中國及東亞到達的最北緯度，並且在大約九十萬年的時間內，長期占據這個高緯度盆地，說明他們已經演化出能力，可以適應高緯度地區各種複雜的氣候環境[12]。

泥河灣一個最動人的場景，出現在馬圈溝第三文化層。考古人員不但發現了直立人的石製品，還發現他們曾經使用這些石頭工具，來屠宰和分食一頭大象：

二〇〇一年夏，〔主持馬圈溝考古的〕謝飛帶領考古隊員們對馬圈溝第三文化層展開發掘。十月的一天，在一個約六十平方米、發掘已很深的探方中，一名隊員忽然發現了一顆灰黑色的象牙！謝飛放下手中的手鏟，用竹簽和毛刷一點點將象牙周圍的泥土剔除，慢慢地，一頭被肢解的大象骨骼殘跡被清理出來。他們驚喜地發現，多數骨骼保存有十分清晰的砍砸和刮削痕跡，其中一件燧石刮削器恰巧置於一根大象的肋骨上，勾勒出一幅極為形象的人類群體肢解動物、刮肉取食的進餐場景[13]。

這頭大象是現已絕種的草原猛獁象（*Mammuthus trogontheri*）（圖6-5），重達約六千公斤。現代人憑著精良、鋒利的刀具，甚至出動電動鋼鋸，恐怕都不易肢解。那一百多萬年前的泥河灣人，只靠著那些小小石片，就能夠解剖一整頭猛獁象嗎？

考古報告沒有討論泥河灣人如何準備一場大象餐。但我們可以在東非的考古資料中，找到一些佐證，可證明泥河灣古人的確有本領解剖大象，分食其肉。

例如，美國舊石器時代考古人類學家屠尼克（Nicholas Toth，他曾到過泥河灣考察），就曾在東非肯亞一個考古遺址附近，和一群研究夥伴肢

圖 6-5　草原猛獁象的復原圖。

解了一頭大象。這頭大象並非人為殺害，而是自然死亡。屠尼克和友人在進行實驗考古，以他們自己仿造的奧杜威型最原始石片，來肢解這頭重達五千多公斤的非洲野象。結果證明，以這種最粗糙、最簡單的石片，就可以切割開厚達約一英寸的大象外皮。然後，他們再以其他適當的石頭工具，便輕易分解了大象的肋骨，再分切成一塊一塊的象肉，裝入大桶中，拿去秤重。他書中有幾段精采的文字，描寫屠宰大象的過程：

> 我們曾經有過兩次機會，以（我們自己打做）的石頭工具來做終極的實驗——屠宰大象（天然原因死亡者）。我們面對這樣的任務，有點不看好，但還是帶著簡單的火山岩和燧英石片和石核，走向那個龐然大物。越走向前，這些石片和石核看來就越顯得微不足道。起初，看到一頭重達一萬兩千英磅的動物屍體，是相當令人心驚的——我們該如何開始？我們從未見過有什麼屠宰大型厚皮動物的實戰手冊，而且牠們並不像較小型動物那樣，可以任你隨意翻轉牠們的屍體（比如想翻過來取得更好的角度），除非你使用重型電動機械。屍體躺在哪，你就得在哪就地解剖。

雖然我們過去曾經數十次成功屠宰過其他動物，但這回面對大象，我們卻不是那麼肯定。然而，當一片小小的火山岩石片，切開大象那大約一英寸的鋼灰色皮革，曝露出裡面飽滿、鮮紅的大量象肉時，我們都驚呆了。這關鍵的障礙清除後，跟著切除象肉便相當簡單了。14

經過這兩次屠宰大象的實驗，屠尼克對那些「最簡單」、「粗糙」和「未經修飾」的奧杜威型石器，便充滿了敬意：

這些實驗證實，最簡單的石器技術，甚至可以用來宰殺陸地上最大型的哺乳類動物。

今後，我們面對馬圈溝（或上陳等其他遺址）那些毫不起眼的小石片，也應該充滿敬意才對。畢竟，一百多萬年前，這樣的小石片，顯然曾經被泥河灣人用來宰殺中國史前的一頭巨型猛獁象。

（三）陝西藍田人

藍田人一般指公王嶺發現的一個頭骨，有別於二十多公里外陳家窩子發現的一個下頜骨（約六十五萬年前）。據朱照宇最新的古地磁學定年，公王嶺頭骨及其地層，可追溯到一百六十三萬年前，是目前在中國發現的最古老頭骨，也是個直立人頭骨（元謀只發現兩顆門牙）[15]。公王嶺遺址距離上陳遺址只有大約四公里。學者推測，這個公王嶺頭骨，很可能跟上陳的那些石器製作人有某種關係，很可能是同一批人。

（四）周口店北京直立人

一九二九年，裴文中在周口店發掘出一個幾乎完整的北京人頭骨時，非洲還沒有什麼古人類的化石被發現。北京人的出土，引起當時古人類學界的高度重視，甚至有很長的一段時間，中國被認為是人類的起源地——北京人是「最早的人類」[16]。當時的學界對人類的演化，還沒有一個清楚的認識，也沒有足夠的化石證據，去探討北京人來自何處，似乎假設他是在中國本土演化而成的。

然而，從一九五九年開始，非洲出土了一系列比北京人更古老的人族成員化石，如阿法南猿露西、阿爾迪、杜邁等等，把人類的歷史往前推到六百萬年前。從此，人類的起源地，也確定是在非洲，直立人也是在非洲演化的，在兩百萬年前才離開非洲，往亞洲擴散。在這個背景下，最新定年頂多約七十八萬年前的北京人，顯得「年輕」極了。他或他的祖先應當是來自非洲的直立人。

為什麼直立人不可能在中國演化而成，而必須來自非洲？因為演化要有一個更古老的物種才行。我們現在知道，非洲的直立人是從更早的南猿（或其他更早物種）演化而來，而南猿和更早物種的化石，在非洲出土的相當多，露西就是最有名的一個，清楚顯示非洲具有條件去演化出直立人。但中國至今從未發現過南猿或更早人類物種的化石。沒有南猿等，怎麼可能演化出直立人？直立人可不是憑空而降，必須得從另一個更古老的物種演化而來。所以，中國出現的直立人，如北京人和更早的元謀人、藍田人等等，也都不是憑空而生。最合理的解釋是，他們源自非洲的直立人。

據吳新智上引文，「北京人的化石包括六個頭蓋骨，頭骨破片四十多件，四肢骨十幾塊，牙齒一百五十三顆，其中一部分連接在上頜骨或下頜骨上。」從這數量看來，北京人的出土化石，其實可媲美德馬尼西的直立人化石。周口店是世界上最多直立人化石出土的地點之一。但很可惜，北京人的頭骨，在二戰期間失蹤，至今下落不明，幸好有複製的石膏模型，仍收藏在北京和紐約等地的博物館。

六、猿人和人

我每次見到「元謀猿人」、「藍田猿人」、「北京猿人」這些稱號時，總有一種「怪怪」的感覺，因為這些人既然已歸類為直立人，而直立人明明就是「人屬」（genus *Homo*），且長得像現代人（智人）多過於像猿，很有人的樣子（見第五章），為什麼還稱他們為「猿人」呢？似乎貶低了他們，給人一種時光倒退和時光錯亂的感覺。露西被稱為「阿法南猿」，還說得過去，因為她是人屬之前更古老的物種南猿屬，的確長得有七八分像猿，多過於像現代人（見第四章），而且她的學名 *Australopithecus* 中也的確帶有個「猿」字（*pithecus*）。

「猿人」是古人類學界從前的用語。歐美古人類學界現在已不用此詞。爪哇人在十九世紀末出土時，發現者杜布瓦醫生最初以拉丁文把他命名為 *Anthropopithecus erectus*（直立人猿），後來又改名為 *Pithecanthropus erectus*（直立猿人），的確用了「猿人」此語。然而，北京人化石出土，在北京協和醫院任教的加拿大解剖學家步達生（Davidson Black），在一九二七年將之命名為 *Sinanthropus pekinensis*（中國人北京種），當時便不用「猿人」了。這個拉丁學名本身其實並無「猿」的含意（*Sina* 即「中國」，*anthropus* 即「人」）。

從步達生開始，英文論述提到這個物種，也都說是 Peking Man（北京人），從未說是 Peking Ape-Man（北京猿人），但中文論述不知何故，都說成是「北京猿人」或「中國猿人北京種」，加了個「猿」字。難道是把希臘文 *anthropus*（人）誤解誤譯為「猿人」，以致沿用至今？一九五〇年，生物學家邁爾，把爪哇人和北京人劃歸為 *Homo erectus*（直立人），從此確立了他們是「人」，不是「猿」[17]。歐美的古人類學界，如今已不使用「猿人」這種說法，一律統稱為 *Homo*（人）。近年有不少學術性的中文論述，也比較常用「北京人」、「藍田人」等稱號，但「猿人」這個舊時用語，至今仍然「陰魂不散」。若把北京人視為直立人（人屬），又說他是「猿人」，那豈不是自相矛盾嗎？為了正名，本書考慮再三，還是決定完全不用「猿人」兩字。有學者說「北京猿人」等詞只是「俗稱」，言下之意，似乎也不必太認真看待此詞，可不用就不用。

七、直立人走出非洲的意義

兩百萬年前，直立人能夠走出非洲，是人類演化史上一件大事，一個重要的分水嶺。在直立人離開非洲之前，人類只能在非洲演化——歐亞並非人類的起源地，當時並沒有人類的存在。直立人在亞洲的出現，意味著人類在地球上的擴張，一步一步填滿幾乎每個角落，以致到了今天，全世界的人口達到七十億以上。人類成了地球上最占優勢的物種，稱霸於其他物種之上，是一種不折不扣的生物侵略者（biological invaders）。

直立人離開非洲，來到亞洲之後，人類便可以在地球的兩個大洲同時繁衍、演化，不再局限於非洲一隅了。直立人成了第一個跨洲際的人類物種。非洲和亞洲是不同氣候、不同生態的地區。這考驗人類的適應能力，也讓人類演化出區域性的新物種，比如在中國，演化出鄖縣人等「古老型人類」，為智人起源的多地區進化說提供了支撐（見第七章），甚至演化出新的皮膚顏色，以致今天世界各地的人，外表看起來都不一樣，膚色多彩繽紛，不再只有非洲人的黑色（見第八章）。

直立人走出非洲，到達高緯度的德馬尼西和泥河灣等地時，身體如何適應寒冷的冬天？哈佛大學的靈長類學家藍肯（Richard Wrangham）推測，早在兩百萬年前，直立人應當就已學會了用火，否則他們當時不再樹棲，如何應付在夜間獵食的肉食性動物？[18]直立人學會用火，也讓他們有能力去開拓新的疆土，去征服寒冷的北國，用以禦寒、烹飪、驅趕野獸。只可惜，用火的證據不容易保存在考古遺址上。目前最早的、最確鑿的用火證據，只可追溯到大約一百萬年前南非的一個洞穴，以及七十九萬年前的以色列[19]。周口店直立人的用火證據，過去是個爭論議題，但據二〇一六年的最新研究報告，遺址「第四層的用火證據變得明確無誤」[20]，但未提及其年代。

註釋

1. Zhaoyu Zhu, Robin Dennell et al., Hominin occupation of the Chinese Loess Plateau since about 2.1 million years ago. *Nature*, 559: 608-612 (26 July 2018).
2. Reid Ferring et al., Earliest human occupations at Dmanisi (Georgian Caucasus) dated to 1.85-1.78 Ma. *Proceedings of the National Academy of Sciences*, 108: 10432-10436 (28 June 2011); Ann Gibbons, A new body of evidence fleshes out *Homo erectus*. *Science*, 317: 1664 (21 Sept. 2007).

3. Colin Barras, Tools from China are oldest hint of human lineage outside Africa. *Nature*, published online 11 July 2018. doi: 10.1038/d41586-018-05696-8.

4. John Kappelman, An early homonin arrival in Asia. *Nature*, 559: 480-481 (26 July 2018).

5. G. Philip Rightmire et al., Skull 5 from Dmanisi: Descriptive anatomy, comparative studies, and evolutionary significance. *Journal of Human Evolution*, 104: 50-79 (March 2017).

6. Eudald Carbonell et al., The first hominin of Europe. *Nature,* 452: 465-470 (2008).

7. 見她在美國 PBS-NOVA 電視台記錄片 *Becoming Human*, Part 3 中的訪談。

8. Vivek V. Venkataraman et al., Hunter-gatherer residential mobility and the marginal value of rainforest patches. *Proceedings of the National Academy of Sciences*, 114: 3097-3102 (21 March 2017).

9. 吳新智〈巫山龍骨坡似人下頜屬於猿類〉，《人類學學報》第十九卷第一期，頁一－十（二〇〇〇年二月）。

10. Huang Wanpo, Russell L. Ciochon et at., Early Homo and associated artefacts from Asia. *Nature*, 378: 275-278 (16 Nov. 1995); Russell L. Ciochon, The mystery ape of Pleistocene Asia. *Nature*, 459: 910-911 (18 June 2009); Rex Dalton, Early man becomes early ape. *Nature*, 459: 899 (18 June 2009).

11. R. X. Zhu, R. Potts et al., Early evidence of the genus Homo in East Asia. *Journal of Human Evolution*, 55: 1075-1085 (2008).

12. 朱日祥、鄧成龍、潘永信〈泥河灣盆地磁性地層定年與早期人類演化〉，《第四紀研究》第二十七卷第六期，頁九二二－九四四（二〇〇七年十一月）；R. X. Zhu et al., New evidence on the

earliest human presence at high northern latitudes in northeast Asia. *Nature,* 431: 559-562 (2004)。

13. 郭釗〈謝飛：苦樂學涯〉，《河北畫報》二〇〇八年十期，頁三十一三五。

14. Kathy Schick and Nicolas Toth, *Making Silent Stones Speak: Human Evolution and the Dawn of Technology.* New York: Simon and Schuster, 1993, pp. 167-168.

15. Zhao-Yu Zhu, New dating of the *Homo erectus* cranium from Lantian (Gong wangling), China. *Journal of Human Evolution,* 78: 144-157 (2015).

16. 吳新智〈周口店北京猿人研究〉，《生物學通報》第三十六卷第六期，頁一－三（二〇〇一年）。

17. Ernst Mayr, Taxonomic categories in fossil hominids. *Cold Spring Harbor Symposia on Quantitative Biology,* 15: 109-118 (1950).

18. Richard Wrangham, *Catching Fire: How Cooking Made Us Human*. New York: Basic Books, 2009.

19. F. P. Berna et al., Microstratigraphic evidence of *in situ* fire in the Acheulean strata of Wonderwerk Cave, Northern Cape province, South Africa. *Proceedings of the National Academy of Sciences,* 109: 1215-1220 (2012); N. Goren-Inbar et al., Evidence of hominin control of fire at Gesher Benot Ya'aqov, Israel. *Science,* 304: 725-727 (2004).

20. 高星、張雙權、張樂、陳福友〈關於北京猿人用火的證據：研究歷史、爭議與新進展〉，《人類學學報》第三十五卷第四期，頁四八一－四九二（二〇一六年十一月）。

第七章

中國人從哪裡來

人從哪裡來？中國人從哪裡來？我從小就很好奇。一九七六年秋天，我剛上大學，進臺大外文系念書時，對中國人打從哪裡來，就更感興趣了，以為大學圖書館藏書豐富，可以幫我解開疑惑。當時，我的想法是，在數千萬年前，中國的這塊土地上，有河流、高山、樹木，甚至有恐龍等生物，但應當沒有人類居住。據我小時候看的兒童書，恐龍時代是沒有人類的。後來，人不知怎麼就突然「冒」出來了，在中國的土地上活動。這些人是怎樣來到中國的？是從天上掉下來的嗎？還是像植物那樣，從中國的泥土裡「長」出來的？（在五千年前的文明史之前，中國並不存在，故本章若提到文明史之前的「中國」，皆指「如今被稱為中國」或「後來被稱為中國」的那片土地）。

那時臺大圖書館的中英文藏書還算豐富。於是，我興沖沖跑到圖書館去，借了好些《中國上古史》、《中國古文明史》之類的書（那時還沒有人類演化史的書），以為可以解開我的這些大謎。不料，越讀越迷糊，因為這些書一開始就大談黃河流域、仰韶文化、龍山文化、東夷西狄等等，但偏偏就是沒有告訴我們，比如說，仰韶文化的創造者，屬於什麼物種的人類？這些人是在中國本土「誕生」的嗎？還是從中國以外的地方遷徙而來？他們的祖先是誰？他們是怎樣來到黃河流域的？

這些問題始終困擾著我，沒有答案，一直到我五十多歲，開始閱讀人類演化史的著作時，才恍然大悟。原來，人類的歷史竟長達約六百萬年，從人類和黑猩猩分手那時算起（見第一章）。然而，《中國上古史》和《中國文明史》之類的著作，卻只探討人類有了所謂「文明」之後的歷史，也就是人類發明了農業，建立了聚落和城邦之後的歷史，起點大約在一萬年前。所以，這些書的內容，主要是講述過去一萬年來，人類演化到了智人新石器時期的歷史，完全不理會之前的直立人或更早的南猿歷史，因為那不是「文明史」，不在上古史或文明史的研究範圍。因此，這些書也就不會告訴你，人類是怎樣來到中國的，或中國人是從哪裡來的。你若想得到這樣的知識，那就得去閱讀人類演化史的專書了。

如今從人類演化史的角度回頭看，我可以信心滿滿地說，仰韶和龍山文化的創造者，肯定屬於智人種，因為從大約三萬年前開始至今，地球上就只剩下單單一個人類物種了，那就是智人。至於比較古老的直立人、尼安德塔人或印度尼西亞發現的侏儒型弗洛勒斯人，都早已絕種了。一萬年前的智人，在身體解剖學上，長得就跟現在的你我一樣。他們那時懂得穿獸皮或樹皮衣服、懂得用火，應當具有語言說話能力，但還沒有發明文字（五千年前才有兩河流域的蘇美楔形文字；三千年前才有殷商的甲骨文）。他們是在中國出生沒錯，但他們的祖先是誰，卻有爭議。學界有種種不同的說法。

一、人類的起源和現代人（智人）的起源

首先要釐清，人類的起源和現代人（智人）的起源，是兩個不同的概念。中國科學院古脊椎動物與古人類研究所的吳新智院士，許多年前在騰訊的一段視頻訪問中就釐清了一個重要的區別，指出許多人把人類的起源，和現代人的起源混淆了，以致產生許多誤解和不必要的爭論。

吳新智說：「現代人起源，就是長的像我們這樣的人的由來，人類起源指的是古猿在何時何地變成人。所以現代人起源指的時間比較近，人類起源的時間久遠得多。」簡單說，人類的起源，涉及最早期的人族成員到直立人的那段演化歷史（約六百萬年前到二十萬年前），好比是人類的上古史和中古史，但現代人的起源，只涉及人類在過去約二十萬年的演化史，等於是人類的現代史。

換一個說法，人類的起源指人類怎樣從古猿演化而來。人類跟黑猩猩原本有一個共同

的祖先，但在六百萬年前，兩者慢慢分離。接著人又經歷了一個從「像猿」變成「像人」的過程，也就是如何從杜邁、阿爾迪、露西這些長得比較「像猿」的物種，逐漸演化成圖爾卡納少年這種比較「像人」的直立人。這是一個物種形成和早期演化的問題（見本書第一到第五章）。人類這個物種的誕生地（起源地），只有一個地方，就是在非洲。這點學者都有共識，沒有爭論。因此，吳新智又說：「根據現有證據，比二百多萬年更早的人類化石在非洲以外沒有發現過，所以我們現在大家的共識是人類起源於非洲。」

人類的起源地沒有爭論，有爭論的是「現代人的起源」。古人類學家所說的「現代人」（modern humans），並不單單指「活在現代的人」，而有一個比較明確的定義，指的是「解剖學上的現代人」（anatomically modern humans）。更確切說，指大約二十萬年前，從直立人演化而成的「智人」。這樣定義的「現代人」，可以包括二十萬年前的某些古人，某些具有「現代特徵」的古人化石。當然，現今分布在全世界的活人，不管是東亞人、歐洲人，或非洲人，也全都屬於「現代人」，屬於「智人」這個單一物種。依此看來，「現代人」是個含意非常廣又有些模糊不清的字眼。如果我們把含糊的「現代人的起源」，改寫為具體的「智人的起源」，文意應當更清楚，可以避免許多誤解。本書以下就用「智人」來取代「現代人」。

早期的人族成員如杜邁、阿爾迪和南猿露西，全都是在非洲演化而成，住在非洲，活動範圍也僅限於非洲，從未離開。他們全都起源於非洲。從化石證據看，歷史上從來不曾發現過「歐洲起源」或「中國起源」的南猿，這點沒有爭論。直立人一般也說是在非洲形成，從南猿等物種演化而來，這點也沒有爭議。

然而，智人的起源卻是個爭論議題。問題的癥結在於，直立人在大約兩百萬年前，離開了非洲，向中東、高加索地區、西亞和東亞等地擴散（見第六章）。這樣問題就來了，因為這導致直立人分散到了世界各地，然後又在世界各大洲演化出所謂的「古老型人類」（archaic humans），比如歐洲的尼安德塔人和西伯利亞的丹尼索瓦人。直立人在一百多萬年前來到中國時，也演變成吳新智等學者所說的「過渡類型」人族成員，比如湖北鄖縣人（有兩個頭骨出土，年代約九十萬年前）和山西大荔人（有一幾乎完整的頭骨出土，年代約二十五萬年前）。所謂「過渡類型」，指這些人族成員介於直立人和智人之間。他們最後又演化成智人，也就是今天的現代中國人。

換句話說，直立人離開非洲後，最後在歐洲可能演化出歐洲起源的智人，在中國也可能演化出中國起源的智人，以致智人的起源地妾身不明，其誕生起源地可能有好幾個，不容易斷定。

目前，我們比較確定的是，那些留在非洲的直立人，在大約二十至三十萬年前，演化成智人。最新的證據，是在北非摩洛哥出土的一個智人下頷骨及牙齒，其研究報告在二〇一七年發表[1]。至於那些離開非洲，移居到歐洲、中亞和中國等地的直立人，也極可能在大約二十至三十萬年前，紛紛演化成智人。這樣一來，智人的起源地，便可能有好幾個——最確定是在非洲，但中東、歐亞和中國等地，都有可能也曾演化出「本土」的智人種。

二、智人起源的兩種假說

於是，智人的起源，便有了兩派不同的假說。一派叫「近期出自非洲說」（recent African origin）（又稱「完全取代說」、「單一起源論」和「夏娃說」）。所謂「近期」指大約六萬年前，跟直立人在兩百萬年前走出非洲的「遠古期」相對。此派的主要代表人物是英國自然歷史博物館的古人類學家史特林格（Chris Stringer）[2]。它的論點是，留在非洲的直立人，在大約六十萬年前，衍生出一個新物種海德堡人（*Homo heidelbergensis*）。約四十萬年前，有一部分海德堡人離開非洲，並分化成兩個支系。一支進入中東和歐洲，成為尼安德塔人。另一支走向歐亞大陸的東部，成了丹尼索瓦人，散居在西伯利亞阿爾泰地區和東亞等地。留在非洲的海德堡人，最後在大約二十萬年前，又演變成早期的智人。然後，在六萬年前，這種智人有一部分走出非洲，向全世界擴散。他們所到之處，便憑著更高超的智慧和武器，把原本住在歐洲、東亞和東南亞等地，比較「落後」的尼安德塔人、丹尼索瓦人等古老型人類，以及中國的過渡類型人族物種，完全消滅，取而代之，形成今天的歐洲人、東亞人和中國人等等。

以此看來，這一派認為，直立人（或其後裔海德堡人）走出非洲後，頂多只在歐洲等地衍生出尼安德塔人等古老型人類，或在中國衍生出鄖縣人和大荔人等過渡物種，但不曾演化出智人。今天全世界的智人，不是源自歐亞各地演化而成的本土智人種，而是完全源自非洲的智人種。過去半個世紀，歐美學者幾乎一面倒支持這一假說，使它成了學界主流，但近年基因組研究盛行以後，特別是現代人被發現都帶有少量的尼人或丹尼索瓦人的基因後，此說略有一些「動搖」。

另一派叫「多地區演化說」（multiregional evolution）。主要論點是，如今分布在歐亞等地的智人，是在當地演化而成的「原住民」，其遠祖是兩百萬年前走出非洲的那批直立人。這些直立人，來到中東、歐亞、中國等地後，就在當地繁衍，先演化成尼人等古老型人類，或其他過渡類型物種，最後再演化成智人，並且跟那批非洲起源的智人有過基因交流，而不是被他們完全消滅取代。吳新智和美國密西根大學的沃爾波夫（Milford Wolpoff）以及澳大利亞國立大學已故的桑恩（Alan Thorne），在一九八〇年代中期，最先提出此說，為此派的中堅代表[3]。

這兩種假說最關鍵的一個區別是：「近期出自非洲說」認為，智人的起源地只有一個，就是非洲。歐洲和亞洲從來不曾演化出智人。所以，今天全世界的智人，全都源自非洲。但「多地區演化說」卻認為，智人是在多個地區（非洲、歐洲、亞洲）各自獨立演化，從直立人及後來的其他古老型人類演化而來，並形成不同地區的形態特徵。

三、歐美學者如何看待中國出土的智人化石

這種關鍵區別，在歐美學者看待中國出土的智人化石時，最為明顯。例如，二〇一五年十月，湖南道縣福岩洞出土的四十七顆牙齒化石的研究論文，在英國《自然》期刊發表時，標題叫〈華南最早無可疑的現代人〉[4]。這篇論文的聯名作者多達十四位，但通訊作者（也就是最主要的責任作者聯繫人）有三位：兩位是中國科學院古脊椎動物與古老型人類研究所的劉武和吳秀傑，另一位是西班牙籍，但當時在英國倫敦大學學院任教的女學者多樂思（María Martinón-Torres，古人類牙齒專家）。論文的結論是：道縣人牙化石的年代，根據研究團隊所做的嚴謹地質學測年，為八萬到十二萬年前，其形態就跟今天現代人的牙齒一致，所以說是「無可疑的現代人」。

然而，按照出自非洲說，智人是在六萬年前才走出非洲。歐洲要到四萬五千年前，才有智人。上海復旦大學遺傳學家金力的研究團隊，根據中國人Y染色體分析所做的一系列論文，也認為非洲的智人，是在一萬八千到六萬年前抵達中國，並完全取代原住民[5]。那麼，華南怎麼可能早在八萬到十二萬年前，就有「無可疑的現代人（智人）」？這些道縣

人牙的主人，看來不可能是非洲來的智人移民。那他們又是怎樣在中國出現的？難道他們正如吳新智等多地區演化說學者所說，是在中國本土演化成功的「原住民」？

然而，這篇英文論文沒有提到多地區演化說，甚至完全沒有討論這些道縣智人，既然在華南被發現，是否有可能在中國本土演化。論文骨子裡仍然堅持出自非洲說。面對這個八萬到十二萬年前的定年，論文只好嘗試「改寫」非洲智人移民離開非洲的時間。它所能提出的唯一解釋是，這些道縣智人，可能早在六萬年前就離開非洲，而且走的是一條「南方路線」，不經由以色列北上高加索的近東路線，而是從阿拉伯半島南下，沿著紅海海岸線到印度，再走到華南。論文的通訊作者之一多樂思，在接受《自然》期刊記者的「播客」（Podcast）錄音訪問時，更進一步闡述了這個觀點[6]。

英國艾斯特大學（University of Exeter）考古系的鄧尼爾（Robin Dennell），在《自然》期刊上評論這篇論文時，也完全採取出自非洲說，認為道縣人牙化石，「跟歐洲上更新世和現代人的牙齒相似，意味著其來源是（非洲）移民，而不是直立人在當地演化的結果」。面對這些超過八萬年前的化石，他也跟多樂思一樣，說智人走出非洲的時間需要「改寫」，可能要提前到八到十二萬年前。同時，他推論，這些非洲智人移民在華南出現的時間，竟比他們在歐洲出現的時間（約四萬五千年前），還要提早好幾萬年，原因可能有兩個：一是歐洲當時被尼安德塔人占據，非洲智人無法移居；二是歐洲正處於冰河時期，天氣酷寒，從熱帶非洲來的智人無法適應，只好向比較溫暖的東方和亞洲南部遷徙，以致他們在華南出現的時間，要比他們到達歐洲和華北的時間，提早好幾萬年[7]。

不過，吳新智在二〇一六年一篇論文中反駁：「這顯然是固執夏娃假說，欠缺說服力的。」[8]他在這篇論文中，詳細列舉了中國近年發現的古人類和舊石器遺址，力證中國在五到十萬年前，有人居住，駁斥非洲起源論者和遺傳學家所說，中國當時因為受地球冰河期影響，沒有人類居住，有「斷層」。道縣人牙化石，可證智人也可能在中國本土演化而成，未必是非洲智人的移民。

道縣人牙化石是在中國出土，由中國科學院的科學家和多位其他外國專家合作研究。有趣的是，中國的古人類學科研人員，一向主張多地區演化說，在中文論文中也如此申論，但在二〇一五年這篇發表於英國《自然》期刊上的英文論文中，卻完全見不到任何多地區演化說的論點，只有出自非洲說的假設。看來中國和英國的專家，有不同的看法。論文似乎有中英兩個不同的版本。中文論文持多地區演化說，但英文論文卻又採用了非洲起源說，這點頗為耐人尋味。

不過，近年在歐美發表的一些論文裡，也開始見到比較多的多地區演化說。例如，二〇一七年十月，美國德州農業與機械大學的希拉．阿特雷亞（Sheela Athreya）和吳新智聯名發表的英文論文，對山西大荔人做了更全面的最新分析，便提出了多地區演化說的觀點。大荔頭骨與二十世紀六〇年代，在摩洛哥伊古德山發現的智人頭骨很相似，都有類似智人的面部，但大荔頭骨看上去更加原始。

摩洛哥頭骨在非洲出土，證實智人起源於非洲。但阿特雷亞認為，大荔人頭骨顯示，智人的起源恐怕沒有這麼簡單。她提出兩個觀點：一是從遺傳學的角度看，非洲智人與歐亞大陸智人沒有完全隔絕。少數人的遷徙帶來了基因的交流。這使得三十一萬五千年前的摩洛哥智人的遺傳特徵，出現在二十五萬年前的大荔人頭骨的身上。二是基因的流動也有可能是多方向的，那麼歐洲、非洲顯現的一些特徵，也有可能來自亞洲，即非洲智人的某些遺傳特徵，或許來源於東亞直立人，後來被帶入非洲。換句話說，這不再是出自非洲說了，反而是智人「出自亞洲說」——在東亞演化出來的智人特徵，也有可能傳入非洲，影響到非洲智人的演化。此文發表在老牌的《美國體質人類學期刊》（*American Journal of*

Physical Anthropology）上，顯示多地區演化說，只要證據充分，也可以獲得歐美主流期刊的認同[9]。

再舉另一個例子：二〇〇七年廣西崇左智人洞，發現兩個臼齒和一個下頜骨前段[10]，其研究報告二〇一〇年在美國《國家科學院院刊》發表，由中國科學院劉武的研究團隊和美國聖路易斯華盛頓大學的古人類學家特林浩斯（Erik Trinkaus）及其他合作者完成。化石定年約為十一萬年前。崇左人屬於正在形成中的智人，處於古老型智人與現代人演化的過渡階段，可能是東亞最早的智人之一，比之前已知生活在東亞的最早智人（距今大約四萬年，二〇〇二年發現於周口店的田園洞人），提前了約六萬年。

這篇英文論文提到，中國出現這麼早的智人化石，顯示它亦有可能是本土「獨立起源」（independent emergence）的結果[11]。論文的中文版，更進一步說：「此人類化石具有的古老和現代特徵並存的鑲嵌混合特點，提示東亞地區早期現代人形成過程中存在一定程度的演化連續性。此外，早期現代人很可能與古老型智人在歐亞地區並存了數萬年。」[12]

然而，英國的鄧尼爾在《自然》期刊評論這篇論文的英文版時，他一開始就假定（沒有提出證據）：崇左人是出自非洲的智人。所以他最關心的問題是：出自非洲的崇左智人，怎麼會這麼早抵達華南？他完全沒有考慮到這可能是在中國本土演化的物種，也沒有去探討這種可能性，就先假定崇左人來自非洲[13]。

四、基因、化石和石器證據

既然智人可以在非洲從直立人（或直立人的後代海德堡人）演化而來，那麼直立人在一百七十萬年前來到歐亞後，為什麼就不能演化為智人呢？除了極少數例外，歐美學者幾乎「習慣性」把中國出土的所有智人化石，都說成是「非洲移民」，從不考慮他們是否可能是在中國本土演化的原住民。

歐美學者之所以如此有信心，主要是因為基因證據，也就是一九八七年三位美國遺傳學家所提出的「夏娃說」——目前世界上所有的活人，他們的母系粒線體DNA（mtDNA），都可追溯到二十萬年前住在非洲的一位女性[14]。夏娃說問世超過了三十年，近年的基因組研究突飛猛進，但夏娃說卻沒有新的研究突破，沒有再提出新的證據，且受到不少質疑，特別是受到美國聖路易斯華盛頓大學的遺傳學家田普頓的挑戰。他認為人類一次又一次走出非洲，並非「取代」非洲以外的人，而是「雜交」[15]。

以往所說的「基因證據」，只是從現代活人身上取得粒線體DNA和Y染色體來研究，包括復旦大學金力團隊所做的一系列Y染色體研究皆是。然而，從二〇一〇年起，德國馬普演化人類學研究所帕玻團隊所發表的一系列研究顯示，我們不但可以從活人身上取得基因組證據（範圍遠比粒線體DNA和Y染色體更全面），而且還能從數萬年前死人的化石中採集到古DNA基因組樣本，可以為死去的尼安德塔人做完整的基因組定序，從而可以證明，智人曾經和尼人交配過，且遺傳到尼人的少量基因[16]。這樣得到的古人基因組證據，可以拿來跟現代活人的基因組做比對，可以更精確掌握他們的遺傳關係。這要比以往單單從活人那裡取得基因變異等少數幾個數據，來追蹤智人在過去數萬年的遷徙歷史和祖先歷史，要來得更全面，更能解決智人的起源和遺傳關係等等問題。

例如，二〇一七年十月，中國科學院古脊椎動物與古人類研究所的研究員付巧妹，和德國帕玻實驗室組成的一個中德聯合研究團隊，在美國《當代生物學》（*Current Biology*）期刊上發表論文說[17]，他們從北京房山區田園洞出土，距今約四萬年前的一名男性遺骸化石中，成功提取了全基因組。這不僅是中國第一個古人的基因組數據，也是整個東亞目前最古老的人類基因組數據。

經過基因組比對，論文證實田園洞人屬於古東亞人，但他並非現代東亞人的直接祖先，而是現今東亞人和某些南美洲人的遠親。團隊同時發現，田園洞人跟比利時果越洞穴（Goyet Caves）出土的一個三萬五千年前歐洲人化石，有遺傳關係。不過，田園洞人已和歐洲人分離。他在基因上，比較接近今天或過去的東亞人，多過於今天或過去的歐洲人。令人意外的是，田園洞人跟南美洲的亞馬遜人，也有遺傳關係，有基因上的類似。這揭示了東亞早期人群組成十分複雜。

付巧妹團隊的這項研究顯示，把古人類化石中的基因組，拿來和現代活人的基因組做比對，可以得知兩者之間更精確的遺傳關係，好比做親子鑑定那樣。這要比從前單單用活人的粒線體ＤＮＡ和Ｙ染色體，來追蹤其祖先歷史，要來得更可靠，用途更廣。未來探討智人的起源時，古今基因組的比對，無疑是一大新的研究利器。

一九八七年的夏娃說，沒有發現智人曾經和尼安德塔人有過基因交流，顯示當時單單使用活人粒線體ＤＮＡ和Ｙ染色體的研究方法，太過簡單，存在局限。然而，二〇一〇年帕玻等團隊所用的古基因組方法，卻能證實智人和尼人曾經交配過，並且還揭示了古老型人類之間的基因交流，如何影響當今的現代人，顯示古基因組的研究方法更全面，成了未來研究人類演化和各物種遺傳關係的一大有利工具[18]。

付巧妹曾經在帕玻實驗室學習並取得博士，也參與過尼安德塔人基因組的研究。她在二〇一六年回到中國後，在中國科學院古脊椎動物與古人類研究所，設立了一個古ＤＮＡ實驗室，和帕玻實驗室有密切合作，運用最新技術，從數萬年前的化石中，提取古老型人類基因組。二〇一七年四月，河南靈井許昌人的研究報告，發表在美國的《科學》期刊時，付巧妹向這期刊的記者吉朋斯（Ann Gibbons）透露，她曾嘗試從三件許昌人化石採集古ＤＮＡ，但沒有成功[19]，仍在繼續努力中。她的團隊也嘗試從河北許家瑤人類牙齒化石（十二萬五千到十萬年前）中獲取古基因組，看看它是否帶有丹尼索瓦人的基因。

另一方面，多地區演化說靠的主要是豐富的一系列化石證據，如許昌人、大荔人、崇左人、道縣人等等。近年來，中國出土的人類化石越來越多，其研究報告也多能在西方頂尖期刊，如《科學》和《自然》上發表，例如二〇一七年河南的許昌人研究[20]。這篇報告認為，許昌人的頭骨，具有中國境內古老型人類、尼安德塔人和早期智人的混合特徵，可能是中國古老型人類與尼安德塔人基因交流的結果。近年新出土的化石也顯示，智人的起源是個非常難解的問題，要比過去所認知的更複雜，恐怕不是單純的非洲起源說或多地區演化說所能解釋。我們需要更多的化石和古基因組證據才行。

中國近年出土化石的定年，也做得比從前更精細，引起歐美學界更多的關注，也為多地區演化說帶來較多的認同。有學者認為，中國新的化石證據，正在改寫人類演化的歷史，特別是東亞地區的演化史[21]。歐美學者以往一向偏重非洲和歐洲出土的化石，不熟悉中國的化石，不免多從西方觀點來看人類的演化。情況現在慢慢有了改變。例如，帕玻便對《當代生物學》的一個特約採訪作者說：「如果我們要探討古代人口和化石之間的遺傳關係，我絕對相信，中國是個最有趣的地區之一。幸運的是，中科院古脊椎動物與古人類研究所，已成立了一個最先進的古DNA實驗室。我們有幸可以跟他們在這方面合作。」[22]

多地區演化說另一項有力的證據，來自考古發現的石器。在非洲和歐洲，石器的模式有一個演進的歷程。兩百五十萬年前，非洲人族成員使用的是最簡單的奧杜威型（第一模式）石器，但到了約十萬年前，非洲智人所使用的石器，已演進到比較精美的莫斯特（Mousterian）型（第三模式）石器（圖7-1）。如果非洲智人曾經移居中國，他們應當也會把這種第三模式石器帶到中國。然而，奇怪的是，在中國出土的絕大部分石器，都屬於最原始的第一模式石器，顯示在中國，從直立人到智人，從一百七十萬年前起，一直到一萬年前，都在使用這種簡單又好用的石器。「來自西方的文化因素在不同時段、不同地區間或出現過，但從來沒有成為文化的主流，更沒有發生對土著文化的置換，表明這一地區沒有發生過大規模移民和人群替代事件」，也顯

圖 7-1　莫斯特（第三模式）石器。

示中國的直立人到智人，其演化是有連續性的，很少受到外來的影響[23]。

五、修正假說和兩派的和解

就中國的特殊情況，吳新智又對多地區演化說略有修正，稱之為「連續演化附帶雜交」。意思是，非洲直立人在一百多萬年前來到中國後，就在中國本土繁衍，「連續演化」，未曾離開或滅絕，最後演變為智人和今天的中國人。在過去數十萬年的連續演化期間，他們曾經和其他地區演化的智人有過交配，「比如說跟歐洲、東南亞的還有混雜、雜交，就是基因的交流」。這種基因交流，導致某些中國出土的化石，也具有一些歐洲人的特徵。不過，吳新智認為，這種基因交流是「附帶」的，「次要」的，少量的。中國人主要還是在本土連續演化中形成。

吳新智舉了一個「形態上的證據」：「比如說眼眶，中國大部分人類化石的眼眶都是長方形的，而這個（廣東韶關馬壩頭骨的眼眶）明顯是圓的（圖7-2），這是廣東地區的，中國化石除了這一個圓的眼眶以外再沒有別的頭骨是這樣的了。他這個眼眶是圓的，肯定是基因決定的，他這個基因是從哪裡來的？在中國找不到根源。而在歐洲，這個圓的眼眶就比較多了，當然也不全是。如果我們推想這個圓眼眶基因是從歐洲過來的，可能就是比較合理的。」[24]

由此看來，我們可以推想這樣的局面：一百多萬年前，直立人來到中國以後，衍生出後來的鄖縣人、周口店直立人、大荔人等等，又在大約十萬年前，形成智人和現代的中國人。然而，非洲起源的智人離開非洲，向全世界擴散時，他們的後代應當也曾

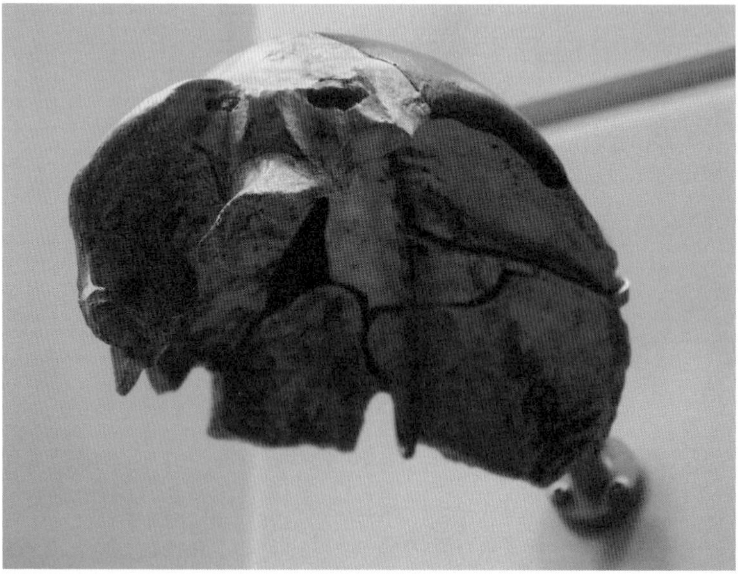

圖 7-2　馬壩頭骨的複製品。

經分批來到中國，然後他們就跟原先在中國本土演化而成的中國起源智人，比鄰生活，並且曾經有過基因交流，以致今天的中國人，他們的智人遠祖，有可能是純中國起源的土生種，但也可能是外來的純非洲起源種，當然亦有可能是中非雜交種，或吳新智「附帶雜交」說所列舉的「中歐雜交」種。前面提到付巧妹團隊所研究的田園洞人，跟歐洲人有遺傳關係，亦有可能是這種「中歐雜交」種。

二〇一〇年，德國馬普演化人類學研究所帕玻的研究團隊，成功為尼安德塔人的古基因組完成測序後，證明智人曾經和尼人交配過，以致全世界的現代人基因（非洲的除外），都帶有百分之一到百分之三的尼人基因。這項發現，改寫了智人的演化史，也導致非洲起源說的全面取代論，不得不被改寫，成了帕玻所說的「有遺漏的取代」（leaky replacement）[25]。

沃爾波夫的學生史密斯（Fred H. Smith），曾經提出一種同化說（Assimilation model）：智人大部分出自非洲，但他們在出走非洲時，曾經跟沿途所經之處的當地人口交配，以致現代活人的基因組裡，有大約百分之十來自這些古老型人類[26]。同化說從前一向被忽略，但自從二〇一〇年帕玻的研究證實，智人跟尼人有過基因交流，它又開始受到重視。

智人起源問題的爭論，從一九八〇年代中期開始，至今已歷時超過三十年。未來的解決之道，最有希望的可能是要看科研人員，是否可以從世界各地出土的化石中，提取更多的古人類基因組，來做深入的比對研究，以探討各化石之間的基因遺傳關係，避免化石形態學上的爭論。

二〇一八年四月，哈佛大學醫學院的古基因專家里奇（David Reich）教授，出版了一本令人耳目一新的著作《我們是誰，從哪裡走到這裡——古基因和研究人類歷史的新科學》（*Who We Are and How We Got Here:Ancient DNA and the New Science of the Human Past*）[27]。里奇教授之所以寫了這本書，是為了介紹古基因學界最近幾年來的最新研究成果（許多是他自己實驗室的成果），主要涉及尼安德塔人、丹尼索瓦人和智人的基因交流和影響（本書第二章略有引介），做一個綜合評述。他在書中稱這些成果為「古基因革命」（ancient DNA revolution）。這場革命，讓我們見識到，各個人類物種之間的遺傳和演化關係，是錯綜複雜的，遠比化石形態學研究所揭示的複雜許多。

然而，到了二〇一〇年，智人起源的爭論，似又有了消解的跡象。這一年，兩派的代表人物，英國的史特林格和美國的沃爾波夫，終於可以在一個尼安德塔人會議上，一起喝啤酒聊天。兩人當時已六十多歲，兩人之間的爭戰也沉澱了。據《科學》期刊記者吉朋斯的報導，兩人的論點，雖然仍然涇渭分明，但也有些趨合了。史特林格說：「我們現在可以相處得來，是因為我們兩人都覺得，我們都被證明是對的。」[28]

有趣的是，在中國，這兩派的爭論也有了和解的徵兆。二〇一三年十一月，在復旦大學舉行的上海人類學學會成立三十周年國際學術研討會上，復旦大學副校長、上海人類學學會會長、遺傳學家金力教授，為自己的「學術對手」吳新智，頒發年度人類學終身成就獎金琮獎，以表彰他在中國乃至世界古人類學研究領域作出的傑出貢獻[29]。金力和他的研究團隊，曾經發表多篇論文，主張Y染色體遺傳學證據，支持現代中國人起源於非洲，跟吳新智的多地區演化說對立。但金力在頒獎給吳新智時說：「所有的科學研究都是在爭論中推進的，不同觀點者相互支持、相互促進，恰好有利於探索科學奧祕和真相。」

韓國裔美國籍的古人類學家李相僖（Lee Sang-hee），最近在她的科普書《人類的起源》（*Close Encounters with the Humankind*）中[30]，透露了一個鮮為外人所知的學界內部「私語」：現代人起源的兩種假說，其實還被「政治化」，牽涉到種族和殖民主義等問題。比如，有些學者會認為，那些主張出自非洲說的歐美學者，恐怕有一種不知覺的種族主義傾向，因為出自非洲說隱含著一種「血洗全球」（worldwide bloodbath）的意味——非洲起源的智人，走出非洲後，便把世界上其他地區比較「低劣」物種的人類「完全滅絕」，完全取代，沒有雜交。這樣的論點不免帶點種族主義的色彩，以及殖民主義的自大。相比之下，多地區演化說沒有這樣的殖民主義色彩，看來比較順其自然，實際上也可能比較符合人類演化的歷史事實。李相僖是在密西根大學人類學系取得博士，現任教於美國加州大學河濱分校人類學系。她的博士論文指導教授，就是多地區演化說的創始者之一沃爾波夫。據她說，這種學界內部的「私語」，是無法在正式發表的論文中見到的，只有在研討會和私人談話場合才能聽到。

六、終究有非洲根源

如果你相信出自非洲說，則中國人的祖先是大約六萬年前，從非洲走出來的那批非洲起源智人移民的後代。如果你相信多地區演化說，則中國人的祖先是大約兩百萬年前，從非洲走出來的那些非洲直立人，在中國繼續演化成的鄖縣人、周口店直立人、大荔人、崇左人和道縣人的後代。

這樣看來，其實不管是出自非洲說或多地區演化說，中國人的祖先，若追溯到最早的源頭，則恐怕都要跟非洲有某種血緣上的關係。這點並不奇怪，因為人類這個物種，人類最早的祖先，如杜邁和千禧人，本來就是在非洲誕生的。中國人和歐洲人等全世界的人們，其最終最早的祖先，當然都要追溯到非洲。但今天中國境內的智人，卻可能不是在非洲演化出來的，而是在中國本土，從非洲直立人遷徙而來之後的連續演化中形成的。

二〇一六年七月，《自然》期刊有一篇特稿〈被遺忘的大陸〉，檢討中國近年出土的一系列人類化石，如何正在改寫人類演化史[31]。文中提到西方有科學家認為，中國古人類學家的多地區演化說，「帶點民族主義的色彩」。有一位西方研究員就說：「中國人——他們不接受現代人起源於非洲的說法。他們要什麼都來自中國。」

吳新智對此反駁說：「這不關民族主義。」他說，一切要靠證據——看看那些過渡類型人類物種和考古出土石器。「所有證據表明，中國從直立人到智人，曾經有過連續演化。」

的確有不少中國人表示，難以接受現代中國人是非洲智人移民的後代。或許是受了教科書的影響，大部分中國人都認為，現代中國人是雲南元謀人、北京人和大荔人的後裔，力圖擺脫中國人出自非洲的說法。然而，平心而論，中國人的智人祖先，即使像多區起源論所說，是在中國本土演化的「原住民」，但中國人的直立人祖先，如元謀人和藍田人，終究還是有非洲根源，因為他們來自非洲（見第六章）。直立人的起源地只有一個——只在非洲，不在中國。這點學界並無異議。

因此，我們應當用心想想，所謂「中國人的祖先」，到底是什麼意思？學界目前的討論，似乎都假設，中國人的祖先只有一個，就是大約十萬年前智人階段的祖先，而不理其他。其實，人的祖先不應當只有一個。祖先有近世的，也有遠古的。比如，我們每個人都有祖父、曾祖父，當然也有第十六代祖，第五十八代祖等等，甚至有三百萬年前的祖先。他們的起源地（誕生地）和生活的地點，很可能都不一樣，並不出奇。我們要分辨清楚，要有時間概念才行，才能把「祖先問題」釐清。

以現代中國人來說，其祖先在十萬年前的智人階段，如果我們相信多地區演化說，很可能是在中國演化的崇左人和道縣人等智人種。但這些中國起源的智人，其祖先又是源自兩百萬年前走出非洲的那批直立人。所以，現代中國人的祖先，在兩百萬年以前，又變成是在非洲生活的直立人種了。若再往前推到三百萬年前的南猿種，或四百四十萬年前的阿爾迪種，或六百萬年前的查德撒海爾人或千禧人，那全都是在非洲誕生和繁衍生息的祖先了。難道說，他們不是中國人的祖先嗎？他們既然是全人類的祖先，當然也是中國人的祖先。

七、重構兩種場景

按照智人起源的兩種不同學說，我們可以描繪出在中國土地上，曾經可能出現過的兩種不同的場景。

從多地區演化說的觀點看，特別是從吳新智「連續演化附帶雜交」的視角看，非洲起源的直立人，在大約一百七十萬年前，來到雲南的元謀，甚至到過北緯四十度以上寒冷的河北泥河灣等地。然後，他們就在中國的土地上繁衍生息，從未滅絕，以致他們在大約一百萬到十萬年前，衍生出各種古老型人類或「過渡類型」人類，如鄖縣人（九十萬年前）、周口店直立人（約七十八萬年前）、大荔人（約二十五萬年前），然後又在大約十萬年前，演化出現代的智人，如廣西崇左人（十一萬年前）、湖南道縣人（八到十二萬年前）。到了六萬年前左右，這些在中國連續演化而成的智人，已經長得跟現代中國人沒有什麼差別了。六萬年前，非洲起源或歐洲起源的智人，也開始抵達中國，其中有一部分可能跟中國本土起源的原住民，有過基因交流。這三者（原住民、非洲或歐洲起源的智人，以及三者雜交）的後代，就是今天的中國人。

從出自非洲說的觀點看，一百七十萬年前抵達中國的非洲直立人及其後代，在第四紀冰川時期的十萬到五萬年前，據此派的學者推測，「難以存活」，甚至有了「斷層」，也就是說，這些直立人滅絕了，中國當時沒有人類居住。金力研究團隊在兩千年那篇論文的結尾這樣說：「我們認為隨著冰川期逐漸消亡，非洲起源的現代人約在六萬年前從南方進入東亞，在以後的數萬年中逐漸向北遷移，遍及中國大陸，北及西伯利亞。大約在八千五百年前，經歷了漫長的蒙昧時期後，以仰韶文化為代表的最早的中華文明開始在黃河中上游地區萌芽。」

仰韶文化的創造者，如果不是這些在六萬年前，來自非洲的智人移民，那麼他們就是在中國本土演化的智人。當年我上大學時初讀《中國文明史》，如果知道這些中國文明最早創造者的身分，原來就是人類演化史上的智人，我想我就不會那麼迷惑了。中國文明史原來不是「突然」在黃河流域「冒」出來的，而是前面有一大段被忽略掉的人類演化史。如果能夠交代前面這段歷史，把中國人的演化史和文明史銜接起來，那我們就更能了解，中國人是怎樣從周口店直立人、廣西崇左等智人的階段，逐步進入到文明史的領域。最早期的仰韶文化創造者，也不再是血肉模糊的、「沒有臉的人」，而是在解剖學上，在身體結構上，長得跟我們今人一模一樣的人。至於他們怎樣在黃河流域發展出最早的農業和生活聚落，那就是中國文明史、史前史和考古學的研究課題了。

註釋

1. Jean-Jacques Hublin, New fossils from Jebel Irhoud, Morocco and the pan-African origin of *Homo sapiens*. *Nature*, 546: 289-292 (8 June 2017); Ann Gibbons, World's oldest *Homo sapiens* fossils found in Morocco, *Science*, 7 June 2017 online.
2. C. B. Stringer, Modern human origins: progress and prospects. *Philosophical Transactions of the Royal Society B*, 357: 563-579 (2002); Chris Stringer, *The Origin of Our Species*. London: Allen Lane,

2011.

3. 最佳的論述，見 Milford Wolpolf et al., Modern human ancestry at the peripheries: A test of the replacement theory. *Science*, 291: 293-297 (12 Jan. 2001); Wu Xinzhi, On the origin of modern humans in China. *Quaternary International*, 117: 131-140 (2004). 吳新智的中文論文見〈現代人起源的多地區演化學說在中國的實證〉，《第四紀研究》第二十六卷第五期，頁七〇二—七〇九（二〇〇六年九月）。

4. Wu Liu et al., The earliest unequivocally modern humans in southern China. *Nature*, 526: 696-699 (29 Oct. 2015). 中文綜述及牙齒化石照片見：http://www.nigpas.cas.cn/kxcb/kpwz/201511/t20151106_4455103.html。

5. 柯越海、宿兵、肖君華、金力等〈Y染色體單倍型在中國漢族人群中的多態性分布與中國人群起源及遷移〉，《中國科學》，C輯，第三十卷第六期，頁六一四—六二〇（二〇〇〇年）；柯越海、宿兵、金力等〈Y染色體遺傳學證據支持現代中國人起源於非洲〉，《科學通報》第四十六卷第五期，頁四一一—四一四（二〇〇一年）：Ke Y, Su B, Song X, et al., African origin of modern humans in East Asia: A tale of 12,000 Y chromosomes. *Science*, 292: 1151-1153 (2001); John Hawks, The Y chromosome and the replacement hypothesis. *Science*, 293: 567a (27 July 2001)。

6. Ewen Callaway, Teeth from China reveal early human trek out of Africa. *Nature,* 14 Oct. 2015 online, doi:10.1038/nature.2015.18566.

7. Robin Dennell, *Homo sapiens* in China 80,000 years ago. *Nature,* 526: 647-648 (29 Oct. 2015).

8. 吳新智、徐欣〈從中國和西亞舊石器及道縣人牙化石看中國現代人起源〉，《人類學學報》第三十五卷第一期，頁一－十三（二〇一六年二月）。

9. Sheela Athreya and Xinzhi Wu, A multivariate assessment of the Dali hominin cranium from China: Morphological affinities and implications for Pleistocene evolution in East Asia. *American Journal of Physical Anthropology*, 2017: 1-22；（無作者名）〈中國大荔顱骨或改寫人類演化史〉，《中國地質》第四十四卷第六期，頁一〇八五（二〇一七年）。

10. 劉武的研究報告及崇左人的化石照片見：http://www.ivpp.ac.cn/cbw/rlxxb/xbwzxz/201308/P020130820607714014257.pdf。

11. Wu Liu et al., Human remains from Zhirendong, South China, and modern human emergence in East Asia. *Proceedings of the National Academy of Sciences*, 107: 19201-19206 (9 Nov. 2010).

12. 劉武、金昌柱、吳新智〈廣西崇左木欖山智人洞十萬年前早期現代人化石的發現與研究〉，《中國基礎科學》二〇一一年第一期，頁十一－十四。

13. Robin Dennell, Early *Homo sapiens* in China. *Nature*, 468: 512-513 (25 Nov. 2010).

14. Rebecca L. Cann, Mark Stoneking, and Allan C. Wilson, Mitochondrial ＤＮＡ and human evolution. *Nature*, 325: 31-36 (1 Jan. 1987).

15. Alan Templeton, Out of Africa again and again. *Nature*, 416: 45-51 (2002); Alan Templeton, Genetics and recent human evolution. *Evolution,* 61: 1507-1519 (2007); Milford Wolpolf et. al., Modern human ancestry at the peripheries: A test of the replacement theory. *Science*, 291: 293-297 (12 Jan. 2001)；吳

新智〈與中國現代人起源問題有聯繫的分子生物學研究成果的討論〉，《人類學學報》第二十四卷第四期，頁二五九－二六九（二〇〇五年）；吳新智《現代人起源的多地區演化學說在中國的實證》，《第四紀研究》第二十六卷第五期，頁七〇二－七〇九（二〇〇六年九月）。

16. K. Prüfer et al., A high-coverage Neandertal genome from Vindija Cave in Croatia. *Science,* 358: 655-658 (3 Nov. 2017).

17. Melinda A. Yang, Qiaomei Fu et al., 40,000-year-old individual from Asia provides insight into early population structure in Eurasia. *Current Biology*, 27: 3202-3208 (23 Oct. 2017).

18. 張明、付巧妹〈史前古人類之間的基因交流及對當今現代人的影響〉，《人類學學報》第三十七卷第二期，頁二〇六－二一八（二〇一八年五月）。

19. Ann Gibbons, Close relative of Neandertals unearthed in China. *Science*, 355: 899 (3 Mar. 2017).

20. Zhan-Yang Li et al., Late Pleistocene archaic human crania from Xuchang, China. *Science*, 355: 969-972 (3 Mar. 2017).

21. Jane Qiu, The forgetten continent. *Nature,* 535: 218-220 (14 July 2016). 網路版標題為「中國怎樣正在改寫人類起源之書」（How China is rewriting the book on human origins）; Michael Gross, A new continent for human evolution. *Current Biology*, 27: R243-R245 (3 April 2017)。

22. Michael Gross, A new continent for human evolution. *Current Biology*, 27: R243-R245 (3 April 2017).

23. 高星〈更新世東亞人群連續演化的考古證據及其相關問題論述〉，《人類學學報》第三十三卷第三期，頁二三七－二五三（二〇一四年八月）。

24. 吳新智〈從中國晚期智人顱牙特徵看中國現代人起源〉，《人類學學報》第十七卷第四期，頁二七六－二八二（一九九八年十一月）。

25. Ann Gibbons, A new view of the birth of *Homo sapiens*. *Science*, 331: 392-394 (28 Jan. 2011).

26. Fred H. Smith, Species, populations and assimilation in later human evolution. *A Companion to Biological Anthropology*, ed. Clark Spencer Larsen. Oxford: Wiley-Blackwell, 2010.

27. David Reich, *Who We Are and How We Got Here: Ancient DNA and the New Science of the Human Past*. New York: Pantheon, 2018. 本書有葉凱雄、胡正飛的中譯本《人類起源的故事》，杭州：浙江人民出版社，二〇一九。原書名中的 We 僅指「我們這種現代智人」，不包含更早期的人族成員如撒海爾人、地猿、南猿和直立人等。因此中文書名中的「人類」兩字，恐怕容易引起誤解。若改為《智人起源的故事》當更正確。

28. Ann Gibbons, A new view of the birth of *Homo sapiens*. *Science*, 331: 392-394 (28 Jan. 2011).

29. http://news.sciencenet.cn/htmlnews/2013/11/285196.shtm.

30. 此書最先於二〇一五年以韓文在首爾出版，後以英文在二〇一八年由紐約 W. W. Norton 刊行。中文繁體翻譯版也在二〇一八年由臺灣三采文化出版。學界「私語」見英文版第二十一章，頁二二四－二二五。

31. Jane Qiu, The forgetten continent. *Nature*, 535: 218-220 (14 July 2016).

第八章

人類膚色的演化

——從黑到白

一九八一年的某個秋天，我第一次飛抵紐約甘迺迪機場，準備轉往新澤西州的普林斯頓大學東亞研究所讀博士。一走出機場，我就感受到第一個震撼——為什麼這裡有這麼多皮膚黑黑的黑人，又有那麼多皮膚白白的白人，在街上走來走去？一時之間，彷彿自已闖進了另一個世界，一個不屬於我的世界。在此之前，我在臺北上大學，生活了好幾年，平日所見都是跟我一樣黃皮膚的人，早已習以為常，難得在街上見到一兩個白人和黑人。但到了紐約，黃皮膚突然完全消失，觸目所見盡是白人黑人，真有一種如夢似幻的感覺。今天的東亞人，包括中國人、日本人、韓國人等等，第一次出國飛到紐約，看到那麼多黑人白人走在街上，想必也會有這種像在作夢的感覺吧。這點是旅遊書從未提起的，恐怕也是第一次出國到歐美旅行的東亞黃種人，需要有的心理準備。

我們平時在電視電影和書本上，應當見過不同膚色的人，知道世界上不同地區的人，會有不同的皮膚顏色。比如，撒哈拉沙漠以南的非洲人，膚色一般為黑色。歐洲人一般說是白色（實際上更接近粉紅色）。印度赤道地區以南的人，一般也是黑色。東亞人一般為所謂的「黃皮膚」。人類是唯一具有不同膚色的靈長類動物。為什麼？

一、演化的力量——亮麗的非洲黑

我們在前面幾章談過，人類這種生物，最早是在非洲演化而成的。從生物學的觀點來說，人類的「原生種」是在非洲誕生。一旦原生種的人類離開了非洲，擴散到其他地區，他們就會因為氣候和生態環境的不同，慢慢形成不同的特徵，比如不同的膚色、不同的體型等等。這樣經過數十萬（甚至數百萬）年的演化後，那些離開非洲的原生種，便會在世界其他地區，演變成不同的物種，成了異地物種，跟原生種有了差別。

這跟原生種的動植物，一旦離開了原生地，擴散到其他地方以後，必定也會在異地慢慢演變出新種一樣。從物種形成的觀點看，這便是一種「異域物種形成」（allopatric speciation）的現象（見第一章）。不過，目前各大洲上不同膚色的人類，還正在演化當中，還沒有演進到不同物種的地步，只能說有了「人類差異」（human variation），如膚色不同，體型略有不同（歐洲人粗壯高大，東亞人柔雅纖細），但差異範圍還小，還沒有形成邁爾所說的「生殖隔離」（見第一章），大家還屬於同一個物種（智人），可以互相交配，進行基因交流，孕育出有繁衍能力的下一代。各地區不同膚色的人類，還需要再演化數十萬到數百萬年，差異越來越大，才有可能形成不同的物種。

今天世界各地人類的皮膚顏色，之所以不同，正是偉大的演化力量造成的；因為在不同地區，陽光中的紫外線強弱不一樣。人類的膚色會隨著紫外線的強弱度，演化出不同的深淺色，以合成維生素D並保護人體的葉酸（folate），達到最能適應當地生態的最佳生理狀態[1]。

我們首先要問：原生種人類的皮膚，是什麼顏色？答案：最初是粉紅色，後來演變為黑色，也就是今天非洲撒哈拉沙漠以南非洲人的那種黑色。他們正是原生種人類的後代，因為不曾離開非洲，所以膚色至今沒有遭受到演化的壓力，不曾改變，也不需要改變。

這種亮麗的「非洲黑」，大約是在兩百萬年前的直立人時代就已形成。在直立人之前，人類的皮膚是由一層厚厚的毛髮所覆蓋，就像今天的黑猩猩一樣。至於當時人類（南猿）毛髮下的皮膚是什麼顏色？我們不得而知，因為出土化石無法保存膚色的證據，但科研人員推測，應當是粉紅色，就像今天黑猩猩，撥開牠的黑色毛髮，你會發現牠的皮膚是粉紅色。

當人類從南猿時代演進到直立人時，因為生存環境的改變，從林地轉移到稀樹草原，為了奔跑追殺獵物，也為了更有效地散熱，人類的毛髮開始慢慢脫盡，演化出直立人和後來智人那種全身幾乎無毛髮的身軀，也就是柏拉圖所說「赤裸的兩足行走動物」（見第五章）。這時，人類的皮膚才完全暴露出來。最初的膚色應當是粉紅色。

但人類失去毛髮的保護後，非洲赤道地區強烈陽光中的紫外線，會穿透這種粉紅淺色的膚色，破壞人體所需要的葉酸，並造成皮膚癌。葉酸流失的後果嚴重，比如說，會造成人類細胞無法有效正常分裂，會產生畸形骨骼的胎兒（所以現在的孕婦，在懷孕初期，都要特別補充葉酸），會造成男性精子不足等等，威脅到一個族群的生存。葉酸有「生物黃金」的美稱。於是，直立人的膚色開始演化，演化出越來越黑的膚色，以阻擋強烈紫外線破壞人體的葉酸。

熱帶地區的日照充足，還有一個重要功能，那就是強烈陽光中的紫外線，可以深透黑皮膚，讓人體製造維生素D。這是一種重要的維生素，跟其他維生素不同，可以由人體依靠陽光來合成，所以也被暱稱為「陽光維生素」（sunshine vitamin）。它可以幫助人體更能攝取食物中的鈣，有強化骨骼的功能。如果維生素D不足，骨骼不能好好發育，會造成嚴重疾病，比如佝僂病（手腳關節腫脹變形、腿呈弓形或膝內翻等）。維生素D欠缺，也可能引發某些致命癌症、心血管疾病、多發性硬化症、關節性風濕，以及第一型糖尿病[2]。

至於今天歐洲人的粉白色和東亞人的淺棕色皮膚，反而是從這種最原始的、原生種的非洲黑，進一步演化而成。那是直立人在兩百萬年前，走出非洲以後的事。然而，直立人擴散到歐亞和東南亞時（見第六章），他們原本的黑皮膚究竟經歷過怎樣的演化，目前還無法得知，除非有一天，我們能夠從（比如說）一兩百萬年前左右的直立人化石中，抽取古DNA去做全基因組排序，才能從古基因得知他們的膚色。但從智人離開非洲後的膚色演化看來，我們可以推想，直立人走出非洲以後的膚色演化，應當和智人相同，也就是從非洲黑慢慢演變為歐亞大陸的淺白色系。下面我們從智人說起。

二、膚色演化的機制

大約六萬年前，智人繼直立人之後，也離開熱帶非洲，來到緯度比較高或紫外線比較弱的歐亞溫帶地區時，他們原本的黑色皮膚，不利於他們的健康和生存，因為溫帶地區的陽光比較弱，紫外線沒有非洲熱帶那麼強，一個人的膚色如果太黑，會阻擋微弱紫外線的穿透，使人體無法吸收足夠的陽光來合成維生素Ｄ，造成不足，產生一系列的疾病。於是，溫帶地區的人們，慢慢演化出比較淺色的皮膚，好讓紫外線可以穿透他們的皮膚。

全世界可以分成三大地區：（一）熱帶；（二）亞熱帶和溫帶；（三）緯度四十五度以上的南北極圈地區。在熱帶，紫外線一年到頭都很強，人們全年都可以合成維生素Ｄ。在亞熱帶和溫帶，全年有至少一個月的時間，紫外線會不足夠。比如，美國的波士頓地區，位於約北緯四十二度，冬天日照不足，人體皮膚要在每年的三月中旬以後，才能開始生產維生素Ｄ。至於南北極圈，全年十二個月的絕大部分時間，紫外線一般都不足夠讓人體合成維生素Ｄ。

這可以說明，為什麼熱帶地區的人們，膚色一般為黑色。熱帶地區的日照充足，人沒有維生素Ｄ不足的問題。他們之所以演化出黑皮膚，不是為了合成維生素Ｄ，反而是為了阻擋強烈的紫外線破壞人體的葉酸。

在亞熱帶和溫帶地區，紫外線有季節性的不足，特別是在秋冬兩季，不利於人體合成足夠的維生素Ｄ，於是原生種人類的黑皮膚，慢慢演化成比較淺色，好讓更多的紫外線深透。由於亞熱帶和溫帶地區的日照，沒有熱帶的那麼強烈，這些地區的人們，也就不需要熱帶的黑皮膚，來保護人體的葉酸。淺膚色就恰恰好，既可以合成更多維生素D，又不致於讓葉酸遭到破壞。

同理，南北極圈的人們，日照更少，人體的葉酸沒有被紫外線破壞的危險。他們的問題是，如果膚色還是像原生種非洲人類那樣的黑色，那麼這種非洲黑反而會阻擋微弱的紫外線穿透，人體無法產生足夠的維生素D，於是他們需要演化出比較白的膚色。

黑皮膚中的黑色素（melanin），彷佛是天然的防曬霜，可以保護熱帶人們的葉酸，也可以保護他們的皮膚免受日照產生的皮膚癌。相反的，在溫帶和靠近南北極圈的地區，日照比熱帶少，人們也就越不需要這種黑色素防曬霜。如果他們的黑色素太多，反而不利於他們在日照弱的地區合成維生素D，於是他們就演化出越來越白的膚色。

三、膚色演化和移民

這個皮膚演化的模式，是否放之四海皆準？一般而言，準。但有幾種情況，看起來好像「不準」，其實值得深一層討論。

例如，美國阿拉斯加和加拿大北部，鄰近北極圈，紫外線微弱，居住在那裡的因紐特人（Inuit，舊稱愛斯基摩人），其膚色原本應當很白才對，但因紐特人真正的膚色卻有點偏黑。為什麼？原因可能有三個。第一，他們其實是外來移民，遷移到北美洲只有大約五千年，還沒有足夠長的時間，讓他們去演化出比較白的皮膚。第二，因紐特人的傳統食物，尤其是魚和海洋哺乳類動物，含有豐富的維生素D。這抵消了他們因日照不足產生的維生素D缺失，也讓他們可以保留比較深的膚色。第三，因紐特人生活的地區，雖然緯度高，但那裡終年積雪，反射的紫外線強烈，他們需要比較深的膚色保護。

緯度高，日照和紫外線一般比較弱，比如北歐的瑞典，但也有例外，比如因紐特人的雪地。再如，青藏高原和南美洲的安迪斯高山區，屬於溫帶，照說人們的膚色應當比較白，但這兩地海拔高，紫外線特強，人們的皮膚也就比較深色。

在非洲南部，南緯二十度到三十度之間的地區，居住著兩大批民族：科伊桑人（Khoisan）和祖魯人（Zulu），兩者的膚色大不相同。科伊桑人皮膚淺棕色，祖魯人則為深黑色。同一個日照區，為什麼膚色會不相同？原來，兩者都是外來移民，源自非洲赤道熱帶地區，但科伊桑人早在十五萬年前就遷移到非洲南部。他們的膚色，原本應當是熱帶的深黑色，但經過十五萬年的演化，如今慢慢變為淺棕色了。然而，祖魯人遷移到非洲南部，卻只不過是大約兩千年的事，演化時間太短，因此膚色還沒有什麼改變，仍然是深黑色。

同理，如今在美國和歐洲許多國家，有許多非洲裔人，膚色仍然是黑色，跟當地比較弱的紫外線並不相符，正因為他們都是移民，源自十七世紀以來，美國和歐洲白人，從非洲輸入的大量黑奴，頂多只有數百年的歷史。如果假以足夠的時日（比如數萬年後）以及適當的生態改變，這些溫帶地區黑人的膚色，也有可能會變白。

二〇〇九年，美國黑人總統歐巴馬剛上台不久，專門研究人類膚色的美國古人類學家芥布朗斯基（Nina Jablonski），在一次演講中，笑笑說歐巴馬總統「皮膚略為深褐」，「讓我們祝願他健康，願他意識到他自己的膚色。」意思是，歐巴馬應當多多服用維生素D補充劑，因為他的黑膚色，可能無法讓北美微弱的陽光，穿透他的皮膚去合成足夠的維生素D，何況他又長時間在室內工作，少有機會接觸到陽光。

我們不知道歐巴馬是否缺乏維生素D，是否有額外補充。不過，據二〇〇六年美國農業部設在波士頓塔夫茲（Tufts）大學的人類老化營養研究中心的一項研究[3]，美國黑人的確比其他美國人，普遍缺乏維生素D。大部分年輕、健康的黑人，在一年的任何時候，都達不到最佳的 25-(OH)D 含量。25-(OH)D 是體內維生素D主要儲存形式。偵測 25-(OH)D 可得知體內維生素D是否足夠。研究員哈利思（Susan Harris）指出，這主要是黑人皮膚的黑色素，阻擋了陽光，減少了維生素D的產量。

但黑人的骨折率卻又比其他美國人低。這可能是他們體內有其他保護骨骼的適應機制，不需要太多的維生素D。然而，維生素D不只保護骨骼，也可防止心血管疾病、糖尿病和某些癌症，而黑人患上這些疾病，和白人一樣多或更多。最後，這項研究鼓勵黑人應當多提高維生素D含量，或服用補充劑，因為這樣做的成本低、風險低，但保健效益卻很高。

人類膚色還有一個常見特色——在世界各地的人口當中，女性的膚色一般上總是比男性的淺，淺約三％到四％之間。科學家常在推論其原因，但大部分人認為，這現象源自達爾文所說的「性選擇」（sexual selection），也就是男性都比較喜歡選擇膚色比較白的女性來做性伴侶，以致比較白的女性，比較容易找到配偶，可以孕育出更多的後代，占有更佳的生存優勢，最後把那些膚色比較黑的女性淘汰掉。

但芥布朗斯基認為，性選擇可能只是部分原因。真正的原因是，女性在整個懷孕和授乳期，需要更多的維生素D，以攝取食物中的鈣。所以女性演化出比男性更淺的膚色，好讓她們可以從陽光吸收更多的紫外線來生產維生素D。這在熱帶地區，是個挑戰，因為在日照多的地方，膚色不能太淺——太淺了陽光會破壞人類的葉酸，但膚色太深，陽光的穿透力不足，維生素D的產量又可能不足以應付懷孕和授乳期間的需求。女性的膚色，比男性更經常需要保持一種微妙的平衡。

人類的不同膚色，具有很重要的生物學上的功能，並非為了「美觀」或其他「膚淺」的原因而有所不同。皮膚看起來結構簡單，但它卻是人類最大的一個器官——人全身皮膚重達四公斤。膚色攸關人類最基本的健康和生存。人在不同強弱的紫外線地區，需要演化出深淺不同的膚色，來合成維生素D，並保護人體內的葉酸，否則健康欠佳。人的膚色會隨著不同地區的紫外線強弱而改變，也顯示人類是一種具有高度適應和演化能力的物種，從而可以存活在世界上幾乎每一種生態環境。

四、膚色和基因

人類的不同膚色，可以從演化的角度去觀察，從生產維生素D和保護葉酸的兩大功能去解釋。那麼，從基因的層面看，人的不同膚色，又是由什麼基因控制的？

二〇〇五年，美國賓州州立大學醫學院一個研究癌症基因的中心，一個由華裔遺傳學家鄭琦（Keith Cheng）領導的研究團隊，在《科學》期刊上發表一篇論文[4]，第一次揭開了人體膚色的基因之謎，找到了歐洲白人膚色之所以會白的其中一個基因——SLC24A5。

鄭琦的研究團隊，原本並非研究膚色的基因，而是要研究癌症的基因，不料卻有了意外的發現。他們以常見的實驗工具斑馬魚（zebrafish）來做實驗。正常的斑馬魚身上，有一條條的黑色斑紋。他們發現這種魚有一個變種，其中有一個基因 SLC24A5 發生了變異（mutation），無法合成黑色素，以致魚身上的黑色斑紋，變成了金色條紋，暱稱為「黃金」（*golden*）。後來，團隊在人、雞、狗和牛等生物身上，也找到這個基因，證明它是控制黑色素生產的一個基因。一旦科學家把正常的 SLC24A5 基因，注入變種的黃金色斑馬魚，它又能回復黑條紋了。

科研人員推論，當原生種的智人離開熱帶非洲，來到歐洲時，其中有一些人帶有這種SLC24A5的基因變異，膚色天生就比較白。在日照普遍不足的歐洲，這些人反而具有演化生存上的優勢，可以成功孕育更多的後代，因為他們可以合成足夠的維生素D，比較健康。沒有這種基因的人及其後代，則健康不佳，存活率比較低，最後滅絕。有這種好基因的人，便可以把它遺傳給他們的子子孫孫。幾千年後，這基因橫掃歐洲。歐洲人普遍帶有它——膚色也都變白了。

現代人（智人）是在大約六萬年前走出非洲，在大約四萬五千年前抵達歐洲。過去，學者一般假設，智人一抵達歐洲，膚色就變白。但近年的基因研究卻顯示，事情沒有這麼簡單。歐洲人普遍擁有白膚色，可能是非常近代的事，大約在八千年前到六千年前左右。而且，白皮膚在歐洲各地出現的時間，也不相同[5]。

例如，在八千五百年前，西班牙、盧森堡和匈牙利的早期採集狩獵者，膚色比較黑，因為他們沒有SLC24A5以及另一相關的SLC45A2白膚色基因。然而，在更北方的歐洲，日照更少，在瑞典摩塔拉（Motala）考古遺址出土的七具七千七百年歷史的古屍，卻帶有SLC24A5和SLC45A2基因。他們甚至還帶有第三個基因HERC2/OCA2。有這個基因的人，會有藍眼睛和金頭髮[6]。由此看來，當歐洲北部的狩獵採集者已擁有白皮膚和藍眼睛時，歐洲中部和南部的人，他們的皮膚卻仍然比較深色。

接著，近東地區的農耕者，移居到了歐洲。他們擁有白皮膚的兩種基因，跟當地的狩獵採集者交配後，便把他們的白膚色基因傳給歐洲中部和南部人。到了大約六千年前，整個歐洲地區的人，才普遍擁有白皮膚。

一提到英國人，大家一定會想到他們的皮膚白皙。但在二〇一八年二月，英國自然歷史博物館發表的一項研究報告[7]，卻讓人大跌眼鏡。這項研究最引人注目的對象，是一九〇三年在英國西南部出土的一具智人遺骸化石，著名的切達人（Cheddar Man）。

科研人員從他頭部遺骨抽取出古ＤＮＡ，為他做了全基因組排序，發現他的基因顯示，這位活在約一萬年前的英國人，擁有深褐色皮膚、藍眼睛和黑色的捲髮，一種奇怪的組合，跟現今的英國人完全不同。這再次佐證，歐洲人的白皮膚，大約在六千年前才普遍變白。也顯示人類的膚色演化，經歷了漫長的時間。若以智人在四萬五千年前抵達歐洲算起，到六千年前才普遍變白，那等於花了約三萬九千年的時間。

但另有一個可能是，切達人和他的先祖，在抵達歐洲數萬年後，膚色仍然如此深褐，那表示他們的膚色，其實並沒有在演化，還不需要靠紫外線來合成維生素D。據英國自然歷史博物館的古人類學家史特林格說，這些歐洲早期的居民，靠狩獵得來的肉食中，就含有豐富的維生素D，不必靠陽光去合成，所以他們沒有感受到演化的壓力。一直到六千年前，農業從近東傳到歐洲。人們的主食從維生素D豐富的肉食，改為維生素D貧乏的植物雜食類，才需要演化出白皮膚來吸收紫外線以合成維生素D[8]。農業傳到歐洲的時間點，正好跟歐洲人的膚色普遍變白的六千年前約略同時，應當不是偶然的。

從切達人和歐洲人的這些案例，可以知道，古人類不但可以從陽光，也可以從肉食取得維生素D。科學家估計，人體內的維生素D，約百分之九十靠陽光合成，只有約百分之十來自食物。如今，歐巴馬總統和許許多多膚色深的非洲裔黑人、印度人和巴基斯坦人，移民到了日照不足的北美、北歐和英國等地。如果他們的維生素D不足，就需靠食物中的維生素D來補充，或服用補充劑。目前許多歐美國家的食物裡面，比如麵包和牛奶，都添加了維生素D，有助於解決問題。這是一種「文化演化」（cultural evolution），通過人類發明的文化和科技手段，來幫助人們去適應新的生態環境，不必靠人體的「生物演化」（biological evolution）。

至於東亞人（中國人、日本人、韓國人、越南人）的皮膚，一般說是「黃皮膚」，其實屬於一種淺色系——黑色素已退化許多。緯度越高，東亞人的膚色一般越淺，女性更「白」於男性。東亞人的膚色基因，目前還未知，但可能跟 ASIP 和 OCA2 基因有關聯，跟歐洲人的 SLC24A5 基因不同，可能是分別獨立演化出來的，是一種「趨同演化」（convergent evolution）的現象[9]。至於東亞人的膚色，在數萬年前，是否也跟英國切達人一樣，經歷過一個「肉食時期深褐色」的階段，直到農業起源後（在中國大約為八千年前），膚色才慢慢演化成現在的淺棕色？這點目前似未有學者研究，詳情不得而知，但或可如此推論。

人類膚色基因的研究，目前才剛起步不久，有許多細節不明。我們現在可以確定的是，控制人類膚色的基因，不只兩三個，可能多達數十甚至數百個，錯綜複雜，有許多問題有待研究。未來，古基因組專家，應當也可以從數萬年前（或甚至數十萬年前）的古人類化石中，抽取古ＤＮＡ，為他們做全基因組排序，從而加深我們對古人類膚色演化的認知。

註釋

1. 本章關於膚色演化的敘述，主要根據 Nina Jablonski, *Living Color: The Biological and Social Meaning of Skin Color*. Berkeley: University of California Press, 2012; Nina Jablonski, *Skin: A Natural History*. Berkeley: University of California Press, 2006，以及Nina G. Jablonski and George Chaplin, The colours of humanity: the evolution of pigmentation in the human lineage. *Philosophical Transaction of the Royal Society B*, 372: 20160349 (2017)。
2. Michael F. Holick, Sunlight and vitamin D for bone health and prevention of autoimmune diseases, cancers, and cardiovascular disease. *The American Journal of Clinical Nutrition*, 80 (6 Supplement): 1678S-1688S (December 2004).
3. Susan S. Harris, Vitamin D and African Americans. *Journal of Nutrition,* 136: 1126-1129 (1 April 2006).
4. Rebecca L. Lamason, Keith C. Cheng et al., SLC24A5, a putative cation exchanger, affects pigmentation in zebrafish and humans. *Science*. 310:1782-1786 (2005).
5. Ann Gibbons, How Europeans evolved white skin. *Science*, 2 April 2015 online.
6. Torsten Günther et al., Population genomics of Mesolithic Scandinavia: Investigating early postglacial migration routes and high-latitude adaptation. *PLoS Biology,* 16 (1): e2003703 (2018).
7. Selina Brace, Chris Stringer, David Reich et al., Population replacement in early Neolithic Britain. *bioRxiv* 267443 (18 February 2018).

8. 見史特林格接受英國第四頻道電視台的專訪：https://www.youtube.com/watch?v=TQ8dc0XhUMM。
9. Heather L. Norton, Keith Cheng et al., Genetic evidence for the convergent evolution of light skin in Europeans and East Asians. *Molecular Biology and Evolution,* 24: 710-722 (2007); Melissa Edwards, Li Jin, Esteban J. Parra et al., Association of the OCA2 polymorphism His615Arg with melanin content in East Asian populations: Further evidence of convergent evolution of skin pigmentation. *PLoS Genetics, 6:* e1000867 (1 March 2010).

第九章

文明人還在演化嗎

四十多年前我年輕的時候，也跟許多大學歷史系的師生一樣，「傻傻」的以為，人類最早的歷史，就是「文明史」，因為歷史系都有一門課，叫《世界文明史》或《中華文明史》之類的，講的是號稱人類「最早」的歷史。雖然號稱「最早」，其實這些課大抵只是從新石器時代，從農業和城市的興起講起，起點大約在一萬到一萬二千年前罷了，一點都不算「早」。至於更早的人類歷史，比如說兩萬年前的，歷史系就不教了，因為沒有文字紀錄，沒有任何「材料」可教。於是，我又「傻傻」的以為，人類的歷史大約就是一萬年左右吧。炎黃子孫傳說中的那位始祖黃帝，不就只有五千年的歷史嗎？中國的歷史，一般也說是「長達」五千年。人類的歷史一萬年，夠「長」了罷，很合理啊。

一直到後來，我讀了達爾文的演化論和許多人類演化史的英文論述，才驚覺人類的歷史不只一萬年，而是至少六百萬年，從人跟黑猩猩分離那時算起！

如果你讀《世界文明史》或《中華文明史》的目的，是為了要弄清楚人是怎麼來的，中國人（或東亞人）又是怎樣來的，那這些書大概對你沒有什麼幫助，因為它們的重點，就在書名上所標示的「文明」兩字——只講人類創造了「文明」的歷史，不理會人類創立文明之前那段更漫長的「野蠻史」。所謂「文明」，指人類發明了農業，創立了城市等等。實際上，對我來說，人類的野蠻史（演化史）反而更有趣。如果不懂人類的野蠻史，大概也無法真正欣賞人類的文明史。

然而，在現代的大學，由於學術的分工，文明史通常放在歷史系，人類演化史則一般放在人類學系，以致歷史系出身的師生，往往只知道文明史，不熟悉人是怎樣演化而來的那段野蠻史（或稱「文明前史」）。

我們在本書前面的幾章談過，在「文明前史」的六百萬年期間，人怎麼跟黑猩猩慢慢走上不同的演化道路，從「像猿」的模樣如何演變成「像人」的樣子。人又是怎樣花了大約四百萬年，才從黑猩猩那種搖搖晃晃的四足行走，演進到今天靈巧的雙足直立行走，最後終於走出了人類的誕生地非洲，向全世界擴散。到了大約一萬年前，這些「野蠻人」（現代智人），原始的狩獵採集者，來到了中東的兩河流域，發明了農業，建立了城邦，變成了定居的農牧者。人類這才進入了「文明史」。我們一般說，「中國有五千年的歷史」。這句話其實有點語病，不完全對。應當說「中國有五千年的文明史」，才算正確。

文明史的內容，是大家比較熟悉的，但並非本書的主題。這裡就不涉及了。在本書的這個最後第二章，我想談一談演化史上的一個常見問題：經過六百萬年的演化，今天的

「文明人」還在演化嗎？

一、文化演化和生物演化

人和其他動植物一樣，是一種演化而成的生物，從六百萬前跟黑猩猩的祖先分手以後，就一直在演化，演變成今天智人這個樣子，跟猿類相差很遠了。至今，人不但能夠流暢地雙足行走，而且還發明了石器，衍生出語言能力。更動人的是，人在過去約一萬年中，終於進入了文明史（黑猩猩還沒有），發明了農耕和畜牧酪農（農業革命），創造了城市和上帝（宗教），設計了管理老百姓的種種政治和經濟制度，更走進了工業革命，發展出種種科技和醫學，甚至可以把人送上月球，並開始要探索火星。

那麼，人是否還在繼續演化當中？將來又會演化成什麼樣子？又或者，人和所有生物一樣，終有一天也必定會滅絕，就像恐龍滅絕一樣，由其他更聰明、更優勢的物種替代？

人是否還在繼續演化？科學家分為兩派。一派認為人已經停止演化，其代表人物是哈佛大學已故的知名生物學家古爾德（Stephen Jay Gould）。他認為，人在四、五萬年前，就停止了生物演化，身體內沒有任何生物上的變化。主要論點是，人既然有了文化和文明，那就可以用文化的工具來取代生物演化。比如，人發明了針和線之後，便可以縫製獸皮或樹皮衣服來抵抗寒冷，所以人的身體便不需要像北極熊那樣，演化出厚厚的皮下脂肪來禦寒。這便是一種文化演化，和生物演化相對。火的發明，也正是一種文化演化，可以讓人類去征服北國的冬天，而不需要做身體上的調整（生物演化）。

不過，古爾德等人屬於上一個世紀的老派生物學家。當時，遺傳基因學還未盛行。他們幾乎沒有任何基因證據可以引用。但到了二十一世紀，科學家有了許多古人類和今人類的全基因組數據，進一步認清文明人（現代智人）不但沒有停止演化，反而演化的速度比從前更快了。

二、乳糖耐不耐

事實上，就在過去的一萬年，人類進入了文明史之後，我們的身體仍然在演化當中。比如，歐洲人的膚色，是在大約五千年到八千年前，才從原本的「非洲黑」演變為白色

（見第八章）。青藏高原、南美洲安迪斯山脈和非洲衣索比亞的高山人口，是在約一萬兩千五百年前，演化出適應能力，可以在高山缺氧的環境下存活（見第二章）。澳大利亞的沙漠，白天酷熱，溫度達到四十度以上，夜晚則低到零度以下，但澳大利亞原住民族的祖先，在五萬年前抵達之後，便在八千年前左右，產生基因突變，演化出適應能力，可以讓他們的後代子孫，在如此惡劣的環境下生活[1]。不過，文明人最近的演化，最常被人引用的一個例證，便是著名的「乳糖耐不耐」的課題。

人類在嬰兒時期，都具有天生的乳糖能耐，也就是說，嬰兒不管吮吸母奶，或喝嬰兒奶粉，都沒有問題，可以消化母奶或牛奶中的乳糖，從中攝取營養。但過了嬰兒期，人斷奶之後，到少年和成年階段，便失去這種消化乳糖的能力，以致世界上有不少人無法喝奶，喝了就會腹脹、腹瀉等等。

然而，在歐洲和非洲那些酪農業發達的地區，卻有不少成年人依然能夠享用牛奶和乳製品。而在東亞非酪農區的大部分人口，卻不能喝奶，也不喜歡乳製品。為什麼？

這正是人類演化史上的一個有趣課題。

在文明史之前的六百萬年，人只有在嬰兒時期才需要喝母奶。大約三歲斷奶之後，人從此便沒有機會再喝奶了，於是他消化乳糖的能力便毫無作用，慢慢退化了。不料，到了大約八千五百年前，近東地區的農人馴服了牛羊，開始了畜牧酪農業，學會了生產大量的牛羊奶，再把這種技術傳到歐洲。這些地區的人們，如果不能喝奶，那他們就會喪失一大重要養分，存活機會也將大大降低，後代也少，且不健康。至於那些能喝奶的人，存活機會便大大提高，且更營養，更健壯，可以孕育更多的下一代，把不能喝奶的人淘汰掉。這便是演化史上「適者生存」的殘酷現實。

同一酪農區的人，為什麼有些人能喝奶，有些人又不能？答案：他們的基因不同。能喝奶的人，他們某些乳糖基因，曾經在基因複製過程中，發生了突變（mutation），結果反而使他們能夠消化乳糖，可以喝奶。但這是一種「好」的突變，且可以傳給後代，後代也都能喝奶了。至於不能喝奶的人，他們沒有這種基因突變，不能消化乳糖，無法取得牛奶中的重要養分，健康欠佳，也無法孕育更多的下一代，最後被淘汰了。一種好的基因突變，會受到「正選擇」，也就是會被保留下來，會快速「橫掃」整個人口，讓族群中大部分的人及其後代受惠，有生存上的優勢。

在今天，歐洲和非洲的牧區，也並非人人都有乳糖能耐，但擁有乳糖耐受基因的人，卻遠遠比乳糖不耐者居多。歐洲人的乳糖基因，又跟非洲人的不相同——兩者是在過去五千年前到一萬年前之間，分別獨立演化出來的[2]。在東亞和東南亞非牧區，則是乳糖不耐者，遠比乳糖耐者多。然而，在這些地區，乳製品並非主要產品，也不是成年人的主要食品，所以他們也從未遭受到演化壓力，也不需要演化出乳糖耐受基因。

值得注意的是，這個乳糖耐不耐的問題，是在人類進入文明史之後才產生的。文明史之前沒有畜牧酪農業，所以這問題不存在。這可以證明人類的身體，在最近的一萬年，並沒有停止演化，仍然隨時可能發生生物學上的改變，以應付新的農牧環境。文化不但沒有取代生物演化，反而是文化（酪農業）導致新的生物演化。

三、耐砷基因

人類身體的適應和演化能力，不可小看。像砷這種劇毒，原本對人體有莫大的傷害。然而，在南美洲阿根廷西北部安地斯山區的許多偏遠村莊，水源短缺，地下水中的含砷量極高，比世界衛生組織（ＷＨＯ）所認定的安全標準，高出二十倍或以上，但人們別無選擇，只好飲用這種含砷的地下水。不過，二〇一五年的一項基因研究顯示，他們的身體竟然有一種突變的砷基因 AS3MT，可以更迅速的把水中的砷代謝掉，讓人們可以喝這種含砷水[3]。這種演化出來的本領，是如何產生的？

最初飲用這種含砷水的人，肯定有不少會中毒慢慢死去，但人口中必定另有一批人，卻天生就可以喝這種水而沒事，因為他們有突變的基因，足以代謝水中的砷。這批人便存活下來，於是又把這種「好」的基因突變，遺傳給下一代又下一代。數百年之後，沒有這種基因突變的人，便慢慢中毒死去，只剩下那些有基因突變的人和他們的後代。數千年後，這個突變基因便「橫掃」整個地區的人口——幾乎人人都「繼承」這種「特異功能」了。

二〇一七年，另一支研究團隊在南美洲智利安地斯山脈地區的阿他加馬沙漠所作的另一項研究，也證實這地區的人口，擁有耐砷基因 AS3MT，可以喝含砷水而未呈現任何病症。團隊估計，這個山區人口，已經在這樣惡劣的環境下，生存了七千年，顯示他們已演化出新的身體變化，來應付含砷的環境[4]。

水中含砷看起來像是個環境汙染問題，其實它也是個自然現象，因為砷的來源是山脈底下礦石所含的砷，滲入地下水。南美洲安地斯山區人口的這個耐砷基因，深具意義，可以給我們不少啟示。

第一，現代智人是在「最近」，大約在一萬五千年前，才擴散到南美洲，所以智人可以喝含砷水的這種身體變化，是在文明史之後才發生的。這不但證明文明人仍在演化當中，且可以推論，人類將來在需要的時候，應當也可以演化出其他「特異功能」，其他基因突變來化解環境中的汙染，比如空氣中的霾害、水源中的塑膠微粒等等。當然，這樣的演化需要長時間，並非數十年或數百年可以達致，可能需要數千數萬年的時間才能做到。但在演化時間上來說，數千數萬年根本微不足道，宛如「一眨眼」罷了。

第二，許多生物早就具備能力，可以適應有毒的環境而存活。關鍵都在基因突變。最好的一個例子，要算病菌（一種生物）跟抗生素之間的永恆戰爭。抗生素剛剛研發時，往往有效，可以殺死病菌，但病菌也會演化，會不斷發展出新的突變基因，來應付抗生素，最後產生抗藥性，使抗生素無效。於是，人類又得研發更強大的抗生素，來對付那些「殺不死」的「超級病菌」（superbug）。

我們對人類適應有毒環境的能力，目前所知很少——耐砷基因是少數幾個之一，也是意義深長的一個。這意味著，人類目前做不到的事，將來（數千年後）卻可能通過生物演化做得到。這為人類征服外太空，移民到火星等星球，帶來希望。從這點看來，我們或許不必太過悲觀看待未來的環境汙染以及氣候變遷所帶來的種種災害。這些或可通過人體的不斷演化來解決，就像病菌不斷在突變和演化，跟抗生素不斷抗爭一樣。

舉凡生物，都會演化。人也不例外。除了病菌，最新最好的另一個案例，就是二〇二〇年攻陷全球的新冠肺炎，其病毒後來不斷演化為變異的病毒株，演變成俗稱的德爾塔（Delta）、奧密克戎（Omicron）株等等。生物界再次向我們展示了演化的偉大力量，連肉眼看不見的病毒，也有基因，也會自然發生基因突變而演化。人又豈能逃過生物界這個最根本的法則？[5]

註釋

1. D. T. Max, How humans are shaping our own evolution. *National Geographic* (April 2017).
2. Todd Bersaglieri et al., Genetic signatures of strong recent positive selection at the lactase gene. *American Journal of Human Genetics*, 74:1111-1120 (2004); Sarah Tishkoff et. al., Convergent adaptation of human lactase persistence in Africa and Europe. *Nature Genetics,* 39 (1): 31-40 (2007).

3. C. M. Schlebusch et al., Human adaptation to arsenic-rich environments. *Molecular Biology and Evolution*, 32 (6):1544-55 (2015).

4. M. Apata et al., Human adaptation to arsenic in Andean populations of the Atacama Desert. *American Journal of Physical Anthropology,* 163 (1):192-199 (2017).

5. 關於人類未來的演化，最近的研究綜述見 Scott Solomon, *Future Humans: Inside the Science of Our Continuing Evolution.* Yale University Press, 2016. 有黃佩玲中譯本《未來人類：人類將演化到哪裡去?》。臺北：八旗文化，二〇一七。

第十章 結語

一、達爾文：壯偉的生命觀

許多學者認為，達爾文的《物種起源》，就跟許多十九世紀的科學著作一樣，有不少地方難免「過時」了，比如它涉及物種形成（speciation）和遺傳學的部分。但它在科學史上，卻具有創世紀般的非凡意義，因為它教導我們以另一種觀點，以演化的觀點，來看待我們這個世界上的萬物。

如果沒時間也沒興趣讀完達爾文這本厚達四百多頁的大書，那至少應當讀一讀此書最後一章的最後一句。這一句寫得極有詩意，我第一次讀時，深受感動。最近為了翻譯這一句，白天默誦再三，晚上做夢都會夢見這金句。達爾文是英國維多利亞時代的人物，他那時代的英文句子，一般都寫得很長，文法結構複雜，但有一種特殊的節奏，要直接讀英文原文才能欣賞它的美：

There is grandeur in this view of life, with its several powers, having been originally breathed into a few forms or into one; and that, whilst this planet has gone cycling on

> according to the fixed law of gravity, from so simple a beginning endless forms most beautiful and most wonderful have been, and are being, evolved.
>
> 這樣的生命觀有一種壯偉：最初的幾個或單個生物，被「吹了氣」而有了生命；同時，當地球在地心引力定律下，不斷地運行（數十億年），從如此簡單的生命開始，卻演化出無窮無盡最美麗最令人讚嘆的其他種種生物，如今仍然在演化當中。

從英文句子結構看，這一大段雖長，其實只有一句。它總結了達爾文這本書的要義：地球上的生命，是在大約三十八億（一說三十五億）年前，從「幾個或單個」單細胞體開始，但經過地球隨「既定的地心引力原理，不斷地運行」了數十億年之後，從「如此簡單的生命開始」，卻「演化出無窮無盡最美麗最令人讚嘆的其他種種生物，如今仍然在演化當中」。

文中“forms”一字出現兩次，指“forms of life”（形形色色的生物）。許多中譯本譯成「類型」，反而不知所云。以這種演化觀點來觀看生命的起源和萬象，達爾文的感歎是：

「這樣的生命觀有一種壯偉」啊，一點也不遜於西方《聖經》傳統上「神創造了萬物」的觀點。

是誰最先給當初那「幾個或單個」生物賦予生命的？在《物種起源》的第一版，也就是一八五九年十一月二十四日出版的那個版本（上面的英文引文即取自這版本），達爾文並沒有清楚說明這些最早生物的生命是怎樣來的。他這本書是要證明，萬物皆從演化而來（不是神創造的），但在十九世紀宗教信仰仍占主流的英國，他不敢如此「露骨」說萬物皆為演化的產物。所以他用了一個被動式的動詞，含糊說這「幾個或單個」生物「被吹了氣」（breathed），也就是有了生命，但並沒有說是「誰」在「吹氣」。

然而，熟悉《聖經》的讀者應該知道，「吹氣」這個用語，其實典出《聖經》——「吹氣」的人，正是上帝。神「吹氣」使他用泥土創造的人有了生命，這生動的意象就出現在《聖經．創世紀》（2.7）：「耶和華神用地上的塵土造人，將生氣吹在他鼻孔裡，他就成了有靈的活人。」達爾文雖然用了這個《聖經》典故，但他還是略有保留，不願明說是神「吹氣」，似乎刻意模稜兩可，因為在表面字義上，演化也可以說是一個「吹氣」者。

現代科學家普遍認為，地球生命的起源，是水和某些化學元素產生的化學反應，導致單細胞生物（如藍菌）的誕生。在以後數十億年的時間，這些單細胞生物，就慢慢演化成如今我們所見到的千千萬萬種複雜的生物。

然而，《物種起源》出版後，輿論卻紛紛質疑達爾文的這個演化論。於是，他在一八六〇年一月的第二版，便不得不說得更明白，稍作讓步，增添了「被造物主吹了氣」（breathed by the Creator），也就是被神吹了氣，似乎想平息爭論，雖然他骨子裡恐怕不相信這點。如果相信，那他這本大書豈不是白寫、白費功夫了嗎？從此，《物種起源》以後的版本也就跟從第二版。但達爾文在一八六三年寫信給一個知己朋友說，他後悔添加了「造物主」這個《聖經》用語。由此看來，我們閱讀和引用《物種起源》，應當採用它的第一版才對，那才是最原汁原味的達爾文。

二、我們的身體裡有一條魚

我們常說，人和黑猩猩有一個共同的祖先。但更正確說，這個祖先只不過是「上一個共祖」（the last common ancestor）罷了，並非唯一的一個。英文這裡所說的 last，意思不是「最後」，而是「上一個」。比如 last week，意思是「上個星期」，不是「最後一個星期」。這「上一個共祖」，它離我們距今有六百萬年的歷史。但人類的共祖其實不只一個。如果我們要追究人類更遠的，上上一個共祖，數億年前的共祖，那就幾乎沒完沒了了。比如，在兩千五百萬年前，人和猴子有一個共祖。更遠一點，人跟爬行類動物也有一個共祖。再遠一些，在三億七千五百萬年前，人甚至跟魚也有一個共祖。

這是因為世間的萬物（包括人類），都可以追溯到三十八億年前達爾文所說的那「幾個或單個」微生物。想想看，從當初「幾個或單個」微生物，卻演化出如今「無窮無盡最美麗最令人讚嘆的其他種種生物」，包括魚、兩棲動物、蛇、恐龍、大象、黑猩猩和人，甚至還包括各種樹木、草本植物等等，而且它們到現在還在繼續演化當中。這不是很「壯偉」嗎？

許多人愛問：我是誰？我從哪裡來？我將往何處去？從生物演化史的角度看，這些問題有相當明確的答案，一點也不「玄」或「炫」。也不需要什麼哲學思考。哲學反而會把問題弄得更複雜，更難解決。

說白了，你只不過是那「無窮無盡最美麗最令人讚嘆的其他種種生物」中的一個。在三十八億年前，你是那個單細胞的生物。到了大約三億七千五百萬年前，你是一條水中的魚。你現在身體裡的那條脊椎骨，就演化自你平日吃魚時，丟棄不吃的那條魚脊椎大骨。魚的歷史遠比人的歷史古老多了。

美國芝加哥大學的古生物學家蘇賓（Neil Shubin）和他的研究團隊，二〇〇四年在加拿大北極區找到一條三億七千五百萬年前的魚化石，取名為「提塔利克」（Tiktaalik）（圖10-1）。這是一個過渡物種，介於水中肉鰭魚（sarcopterygians）和陸上四足脊椎動物（tetrapods）之間，為水中動物如何爬上岸，演化成陸上動

圖 10-1　古生物畫家筆下的提塔利克魚。注意牠那強有力的魚鰭，後來演化成四足動物的四肢和人的手腳。

物，提供了絕佳的化石證據[1]。它的魚鰭演化成四足動物的四肢（人的雙手和雙腳），後來的四足動物如爬行動物、哺乳動物、靈長類（包括人類），都是這種始祖魚的後代。二〇〇九年，蘇賓把他的研究發現，寫成一本通俗的科普書，書名就叫 *Your Inner Fish*，臺灣生物學者楊宗宏，把它譯成《我們的身體裡有一條魚》[2]，極為貼切傳神。

你現在還在演化中，只是你自己不知道，也看不見，但若了解演化史，你會相信這是真的。想想看，你這弱小的身體，竟是萬物演化中的一個小小環節，為生物演化默默做出貢獻。知道了這點，或許你也會不由自主地生出一種自豪感、謙卑感、神奇感——達爾文所說的壯偉的生命觀。

人類將往何處去？如今科技發達，人類似乎萬能，好像可以永遠存活下去的樣子，永遠不會滅絕。但在生物學上，沒有一種生物可以長生不死。所有生物只不過是演化史上的一環，都有絕滅的一天。美國喬治華盛頓大學的演化生物學教授派倫（R. Alexander Pyron），在二〇一七年發表評論說，地球上百分之九十九點九曾經活過的生物，超過五百億種，都已經滅亡了，或演化成其他物種。物種絕滅本來就是演化的一部分，不必大驚小怪。它甚至是推動演化的引擎。物種絕滅後，會衍生出新物種[3]。

像我們這個智人種，有一天肯定是要絕種的，或演化成其他更能適應未來環境的新物種人類。問題不是「會不會」滅絕，而是「什麼時候」滅絕。恐龍在地球上橫行稱霸了大約一億年後，還是滅絕了。直立人在地球上存活了約兩百萬年，也絕種了。智人的歷史目前只有大約三十萬年（見第七章）。如果比照直立人的案例，智人大約還可以再活一百七十萬年，且智人現在有七十億以上的人口，暫時還不致於「瀕臨絕種」。我們大可不必過於擔心——繼續勇敢活下去，繼續繁衍，繼續演化以完成我們的使命吧。

註釋

1. Edward B. Daeschler, Neil H. Shubin, and Farish A. Jenkins Jr., A Devonian tetrapod-like fish and the evolution of the tetrapod body plan. *Nature*, 440: 757-763 (6 April 2006).
2. 臺北：遠見天下文化出版（二〇〇九）。
3. R. Alexander Pyron, We don't need to save endangered species. Extinction is part of evolution. *Washington Post*, Nov. 22, 2017.

附錄一

人類物種（化石種）一覽表

物種	存活時間	發現地點
早期人族成員（Early Hominins）		
查德撒海爾人（杜邁） *Sahelanthropus tchadensis*	七二〇－六〇〇萬年前	查德
土根原初人（千禧人） *Orrorin tugenesis*	六〇〇萬年前	肯亞
族祖地猿 *Ardipithecus kadabba*	五八〇－四三〇萬年前	衣索比亞
始祖地猿（阿爾迪） *Ardipithecus ramidus*	四四〇萬年前	衣索比亞

細小南猿（Gracile Australopiths）		
湖泊種南猿 *Australopithecus anamensis*	四二〇－三九〇萬年前	肯亞、衣索比亞
普羅米修斯種南猿 *Australopithecus prometheus*	三六〇萬年前	南非
阿法種南猿 *Australopithecus afarensis*	三九〇－三〇〇萬年前	坦尚尼亞、肯亞、衣索比亞
非洲種南猿 *Australopithecus africanus*	三〇〇－二〇〇萬年前	南非
源泉種南猿 *Australopithecus sediba*	二〇〇－一八〇萬年前	南非
驚奇種南猿 *Australopithecus garhi*	二五〇萬年前	衣索比亞
肯亞平臉人 *Kenyanthropus platyops*	三五〇－三二〇萬年前	肯亞

物種	存活時間	發現地點
粗壯南猿（Robust Australopiths）		
衣索比亞傍人 *Australopithecus aethiopicus*	二七〇—二三〇萬年前	肯亞、衣索比亞
鮑氏傍人 *Australopithecus boisei*	二三〇—一三〇萬年前	坦尚尼亞、肯亞、衣索比亞
粗壯傍人 *Australopithecus robustus*	二〇〇—一五〇萬年前	南非
Homo（人屬）		
能人 *Homo habilis*	二四〇—一四〇萬年前	坦尚尼亞、肯亞
魯道夫人 *Homo rudolfensis*	一九〇—一七〇萬年前	肯亞、衣索比亞
直立人 *Homo erectus*	二〇〇—二〇萬年前	非洲、亞洲、歐洲（？）

海德堡人 *Homo heidelbergensis*	七〇－二〇萬年前	非洲、歐洲
納萊迪人 *Homo naledi*	三三－二三萬年前	南非
尼安德塔人 *Homo neanderthalensis*	三〇－三萬年前	歐洲、亞洲
丹尼索瓦人 *Denisovans*	三〇－一萬年前	歐洲、亞洲、大洋洲
弗洛勒斯人 *Homo floresiensis*	九－二萬年前	印度尼西亞 弗洛勒斯島
呂宋人 *Homo luzonensis*	約五－六萬年前	菲律賓呂宋島 二〇一九年命名
智人 *Homo sapiens*	約三〇萬年前起至今	目前唯一仍存活的人類物種， 分布全球

註1：本表主要根據 Daniel Lieberman, *The Story of the Human Body*, 2013, p. 52 and p. 102, 並補充最新材料。

註2：中文論述中常見的元謀人、藍田人、鄖縣人、北京人、和縣人、大荔人、崇左人、道縣人、資陽人、田園洞人、澎湖原人、山頂洞人等等，並非嚴格的物種名，只是一種「俗稱」。他們一般被歸類為直立人或智人，或介於直立人和智人之間的「古老型人類」（「過渡類型」）。

註3：克魯馬儂人（Cro-Magnons）和中國的山頂洞人等稱謂一樣，並非正式的物種名，只是個「俗稱」，常見於比較舊的古人類學論述，現已過時少用，指法國克魯馬儂洞窟發現的一種現代智人，距今約三萬年前。

註4：弗洛勒斯人和呂宋人，是正式在國際學報上描述和定名的物種（化石種），有別於直立人或智人，所以列在上表。

註5：各物種的存活時間，有許多不能確定，常會因新材料的發現而修改。各家的說法也不盡相同。以上所列，僅供參照。

附錄二

為什麼是「演化」而非「進化」

本書幾乎全用「演化」一詞，只有在極少數幾個地方，為了顧及引用的原文，才用「進化」，比如提到吳新智的論點「連續進化，附帶雜交」。中國大陸讀者的第一個反應，很可能是：「我們都說進化。為什麼你要用演化？」本文擬略為解說為什麼。

目前，中國教科書、通俗讀物和媒體等處，幾乎一面倒使用「進化」一詞。但近年來，在中國古人類學界，使用「演化」一詞的專業論文，卻也漸漸多了起來，例如高星等人的〈朝向人類起源與演化研究的共業：古人類學、考古學與遺傳學的交叉與整合〉[1]，想必是古人類學界終於意識到「進化」的不妥，紛紛改用「演化」。這是可喜的現象。希望將來大眾也能擺脫「進化」的舊思維，可以「進化」到改用「演化」。

相反的，在臺灣和海外幾個中文地區，如香港、馬來西亞、新加坡、美加等地，他們的教科書和報章雜誌等，早已普遍使用「演化」，很少見到「進化」。臺灣學者更經常撰文，認為「演化」才能正確表達英文 evolution 的核心概念。

最關鍵的一點是，英文的 evolution 是沒有方向的，可以指生物從簡單變複雜，從小變大，但也可以指生物從複雜變簡單，從大變小。這種雙向的演變，都可以用「演化」一詞來描述。然而，「進化」就沒有這樣的彈性了。它是單向的，表示從低等到高等，從簡單變複雜，從小變大，從落後變進步，隱含著一種「進步」的思維。「演化」則是中性字眼，不含「進步」或「落後」的價值判斷，在科學論述上更客觀可取。

以本書討論過的人類演化細節來說，人的大腦從小變大，可以說是「進化」，但說是「演化」可能更好。然而，人的手臂，在兩百萬年前的人屬時期，從長變短，是進化、退化，還是演化？從演化的角度看，恐怕是人的手臂「退化」了，變短了，因為直立人這時候不再爬樹棲息在樹上，手臂的功能大大退化，所以變短，應該不能說是一種「進化」。這時，若改用「演化」來表述這一變化，應當更恰當。

再以本書第八章〈人類膚色的演化〉為例。人原本局限在非洲的時候，他的膚色是黑色系的，但人走出非洲，向全世界擴散以後，便需要在某些紫外線沒有非洲那麼強烈的地區，「演化」出比較淺的膚色，如歐洲人的粉白色和東亞人的淺白到淺黃色，以便更有效地合成人體所需的維他命D。這種現象，是「進化」嗎？不是。淺色系不代表「進化」或「進步」；它只不過是最適合人類在紫外線弱的地區，賴以生存的膚色。同樣，黑色系皮膚不表示「退化」或「落後」，它是人類在紫外線強烈的地區（如非洲和南亞次大陸），最適合生存的顏色（詳見第八章的討論）。

如果把第八章的標題，改為〈人類膚色的進化〉，把歐洲和東亞的淺色系看成是「進化」，那豈不等於暗示非洲和南亞的黑色系膚色是「退步」的、「落後」的嗎？這恐怕會引起許多問題，會構成種族主義的論調，遭到世人的撻伐。改用「演化」，不但正確，而且可以避免這一類爭議。

二〇〇九年，適逢達爾文誕生兩百週年和他的大師之作《物種起源》出版一百五十週年，學界有不少紀念活動。美國芝加哥大學生態與演化學系的科因（Jerry Coyne）教授，一位專門研究物種起源的學者，為此特別寫了一本科普書 *Why Evolution Is True?*（本書前面引用過多次）。他的中國同事、同系的巴帕芝安傑出服務講座教授（Edna K. Papazian

Distinguished Service Professor）龍漫遠，是一位專門研究基因起源和演化的學者，讀後大為讚賞，於是輾轉推薦給當時在紐約哥倫比亞大學念博士的葉盛，翻譯成中文。中譯書名改為《為什麼要相信達爾文》[2]。龍教授在最後審讀譯稿時，發現葉盛用了「進化」來翻譯原書的 evolution 及其動詞 evolve，覺得不妥，於是強烈建議出版社把「進化」全部改為「演化」，出版社也聽取了龍教授的意見。

後來，龍教授特地寫了一篇文章〈「演化」而非「進化」——對《為什麼要相信達爾文》一書翻譯的說明〉[3]，解釋為什麼要用「演化」而非「進化」。他反對使用「進化」，最重要的一個理由，就是「自然界沒有一個從簡單到複雜的必然的進化規律」。他說：「每年我們和 Jerry（《為什麼要相信達爾文》一書的作者）都要就這個問題給學生講課，假如他知道你們用了『進化』這個詞，他就要找你的；『你怎麼能用這麼個詞呢？』——他們對書的傳播非常在意的。」

在文章的結尾，龍教授又語重心長地說：「我希望國內的公眾得到正確的信息，以後再重編《辭海》、《新華詞典》、《現代漢語詞典》之類的工具書或教科書的時候，有一個正確的描述，而不是像現在這樣，一個十幾億人的國家，對自然界最重大現象的文字描述定義居然是錯的。原來很多人認為這只是約定俗成，但這個約定俗成是和定義連在一塊兒的，如果你講『進化』，你心裡就想『哦，生物的變化是有方向的。』你就錯了。所以這個錯誤已經不是文字語言的錯誤，是定義錯誤，描述的錯誤，對公眾的理解有誤導。」

我完全贊同龍教授的論點。

註釋

1. 《人類學學報》第三十六期，頁一三一－一四〇（二〇一七年）。
2. 北京：北京科學出版社。（二〇〇九）。
3. 《中國圖書評論》第六期，頁一〇一－一〇三（二〇一〇年）。也可在網上搜尋找到。

圖片來源

第一章

圖1-1 Monusco Photos/CC 2.0，引用自：https://no.wikipedia.org/wiki/Fil:Rainforest_-_Ituri_(20874628148).jpg

圖1-2 Hans Hillewaert/CC 3.0，引用自：https://commons.wikimedia.org/wiki/File:Cathedral_mopane_forest_-_South_Luangwa_Valley.jpg

圖1-3 Harvey Barrison/CC 2.0，引用自：https://commons.wikimedia.org/wiki/File:Tarangire_2012_05_28_1793_(7468559328).jpg

圖1-4 達志影像

第二章

圖2-1 Buckley, Michael; Derevianko, Anatoly; Shunkov, Michael; Procopio, Noemi; Comeskey, Daniel; Fiona Brock; Douka, Katerina; Meyer, Matthias et al./CC 4.0，圖片經編輯裁切。引用自 https://en.wikipedia.org/wiki/File:Denisova-111.jpg

圖2-2 Dongju Zhang/CC 4.0，引用自：https://en.wikipedia.org/wiki/File:Xiahe_mandible.jpg

圖2-3 TaichungJohnny/CC 4.0，引用自：https://commons.wikimedia.org/wiki/File:Fossil_of_Mandible_of_Penghu_1.JPG

第三章

圖3-1 Didier Descouens/CC 4.0，引用自：https://commons.wikimedia.org/wiki/File:Sahelanthropus_tchadensis_-_TM_266-01-060-1.jpg

圖3-2 達志影像

圖3-3 Tobias Fluegel/CC 3.0，引用自：https://commons.wikimedia.org/wiki/File:Ardipithecus_Gesamt1.jpg

第四章

圖4-1 Andrew Bardwell/CC 2.0，引用自：https://www.flickr.com/photos/65438265@N00/2109501277/

圖4-2 達志影像

圖4-3 Tobias Fluegel/CC 3.0，引用自：https://commons.wikimedia.org/wiki/File:Little_Foot_01.jpg

圖4-4 Momotarou2012/CC 3.0，引用自：https://commons.wikimedia.org/wiki/File:Laetoli_footprints_replica.jpg

圖4-5 José-Manuel Benito Álvarez (España)/CC 2.5，圖片經編輯裁切。引用自：https://commons.

wikimedia.org/wiki/File:Oldowan_tradition_chopper.jpg

第五章

圖 5-1 Neanderthal Museum/CC 4.0，引用自：https://commons.wikimedia.org/wiki/File:Homo-erectus_Turkana-Boy_(Ausschnitt)_Fundort_Nariokotome,_Kenia,_Rekonstruktion_im_Neanderthal_Museum.jpg

圖 5-2 達志影像

第六章

圖 6-1 作者提供

圖 6-2、6-3 Gerbil/CC 4.0，引用自：https://en.wikipedia.org/wiki/Dmanisi_hominins

圖 6-4 SSYoung/CC 4.0，引用自：https://commons.wikimedia.org/wiki/File:Teeth_of_Yuanmou_Man_(Cast)_-_cropped.png

圖 6-5 Dmitry Bogdanov/CC 4.0，引用自：https://commons.wikimedia.org/wiki/File:Mammuthus_trogontherii122DB.png

第七章

圖 7-1 Gary Todd/CC0，引用自：https://commons.wikimedia.org/wiki/File:Production_of_points_%26_

spearheads_from_a_flint_stone_core,_Levallois_technique,_Mousterian_Culture,_Tabun_Cave,_250,000-50,000_BP_(detail).jpg

圖7-2 Ryan Somma/CC 2.0，引用自：https://commons.wikimedia.org/wiki/File:Maba._Homo_heidelbergensis.jpg

第十章

圖10-1 公有領域

知識叢書 1114

人從哪裡來：人類六百萬年的演化史

作者	賴瑞和
主編	王育涵
責任編輯	邱奕凱
責任企畫	郭靜羽
封面設計	江孟達工作室
內頁排版	張靜怡
總編輯	胡金倫
董事長	趙政岷
出版者	時報文化出版企業股份有限公司 108019 臺北市和平西路三段 240 號 7 樓 發行專線｜ 02-2306-6842 讀者服務專線｜ 0800-231-705 ｜ 02-2304-7103 讀者服務傳真｜ 02-2302-7844 郵撥｜ 1934-4724 時報文化出版公司 信箱｜ 10899 臺北華江橋郵局第 99 信箱
時報悅讀網	www.readingtimes.com.tw
人文科學線臉書	http://www.facebook.com/humanities.science
法律顧問	理律法律事務所｜陳長文律師、李念祖律師
印刷	勁達印刷有限公司
初版一刷	2022 年 6 月 17 日
初版三刷	2022 年 10 月 24 日
定價	新臺幣 350 元

ISBN 978-626-335-481-4 ｜ Printed in Taiwan

時報文化出版公司成立於一九七五年，並於一九九九年股票上櫃公開發行，於二〇〇八年脫離中時集團非屬旺中，以「尊重智慧與創意的文化事業」為信念。

人從哪裡來：人類六百萬年的演化史／賴瑞和著 .
-- 初版 . -- 臺北市：時報文化，2022.06 ｜ 272 面；14.8×21 公分 .
ISBN 978-626-335-481-4（平裝）｜ 1. CST：人類演化 2. CST：歷史｜ 391.6 ｜ 111007439